Kennzahlen zur Erreichung der weltweiten Klimaziele

Valentin Crastan

Kennzahlen zur Erreichung der weltweiten Klimaziele

Band II: Amerika, Nahost und Südasien, Ostasien und Ozeanien

3. Auflage

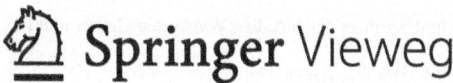

Valentin Crastan
Evilard, Schweiz

ISBN 978-3-658-40072-9   ISBN 978-3-658-40073-6 (eBook)
https://doi.org/10.1007/978-3-658-40073-6

Die Deutsche Nationalbibliothek verzeichnet diese Publikation in der Deutschen Nationalbibliografie; detaillierte bibliografische Daten sind im Internet über http://dnb.d-nb.de abrufbar.

Planung/Lektorat: Daniel Froehlich
Springer Vieweg ist ein Imprint der eingetragenen Gesellschaft Springer Fachmedien Wiesbaden GmbH und ist ein Teil von Springer Nature.
Die Anschrift der Gesellschaft ist: Abraham-Lincoln-Str. 46, 65189 Wiesbaden, Germany

Vorwort

Die Daten der drei im Band II erfassten Weltteile, nämlich *Amerika, Naher Osten + Süd-asien sowie Ost-Asien/Ozeanien,* werden entsprechend den zuletzt weltweit verfügbaren Statistiken der Internationalen Energieagentur (IEA) und des Internationalen Währungs-fonds (IMF) aktualisiert und die sich ergebende Situation zur Erhaltung der Klimaziele neu definiert. Alle Diagramme und Kommentare wurden entsprechend angepasst. Sie stel-len die energiewirtschaftliche Lage Ende 2019, also vor Pandemie und Ukrainekrieg, dar.

Die sich aus den jüngsten Ereignissen ergebenden Konsequenzen, vor allem als Folge des weitergehenden Ukrainekriegs, sind im Moment noch nicht absehbar und mehr Klar-heit darüber wird man erst in einigen Jahren haben. Ihre Auswirkung auf die internationale Energiewirtschaft ist erheblich. Umso mehr ist die klare Darstellung der Energiesituation unmittelbar vor deren Eintritt von Bedeutung.

Der Titel des Reihe wurde, in Einklang mit dem Verlag, von „Klimawirksame Kennzahlen" in „Kennzahlen zur Erreichung der weltweiten Klimaziele" abgeändert.

Evilard, Schweiz Valentin Crastan
Oktober 2022

Vorwort 2. Auflage

Band II des zweibändigen, alle Kontinente erfassenden Werks „Klimawirksame Kennzahlen" fasst die drei Essentials Amerika, Naher Osten und Südasien sowie Ostasien und Ozeanien (s. Literaturverzeichnis) zusammen, ergänzt und aktualisiert sie entsprechend dem letzten Stand der verfügbaren Energie und Wirtschaftsdaten.

Durch seine Ressourcen und unbegrenzten Möglichkeiten hat *Amerika* zunächst als Emigrationsziel die Entwicklung Europas mitgetragen, um sich dann zur wirtschaftlich stärksten und innovativsten Weltregion zu entwickeln. Die „Kündigung" des Pariser Abkommens durch Donald Trump macht die Sache nicht leichter. Die USA sind zusammen mit Westeuropa die Hauptverantwortlichen für den Klimawandel. Aber die angestrebten mittel- bis langfristigen Klimaschutz-Ziele dürften nur wenig von vermutlich nur kurzzeitig wirksamen Fehlentscheiden beeinflusst werden.

Der *Nahe Osten und Südasien* weisen insgesamt 2 Mrd. Einwohner auf. Grosse Energie-Ressourcen und ein erhebliches Entwicklungspotenzial machen diesen Erdteil zu einem für die Zukunft des Planeten wichtigen Akteur. Südasien umfasst Indien und alle an Indien angrenzenden Länder.

Mit mehr als 2 Mrd. Einwohner ist *Ost-Asien/Ozeanien* der bevölkerungsreichste und mit seinem erheblichen Entwicklungspotenzial für die Zukunft des Planeten wichtigster Erdteil. Besonders das aufstrebende China dürfte eine für die Erreichung der Klimaziele entscheidende Rolle spielen.

Die Begrenzung der globalen Klimaerwärmung auf 2 °C relativ zur vorindustriellen Zeit ist ein weltweit anerkanntes Minimalziel. Die Klimawissenschaft und das von fast 200 Ländern abgeschlossene Pariser Klimavertrag empfehlen das 1,5-Grad Ziel anzustreben. Die für die Erreichung dieser Klimaziele notwendige Einschränkung der weltweit kumulierten CO_2-Emissionen aus fossilen Brennstoffen bis 2100, wird in der Einleitung veranschaulicht. Eine mögliche Verteilung der regionalen Bemühungen bis 2030 und 2050 wird im Bericht für die drei Kontinente empfohlen, wobei den Bedingungen zur Erreichung des 1,5-Grad-Ziels besondere Aufmerksamkeit geschenkt wird, dies für alle Regionen und einflussreichsten Länder. Messbare Indikatoren, welche die beiden Aspekte Energieeffizienz und CO_2-Intensität der Energie berücksichtigen, ermöglichen

eine gerechte Beurteilung der lokalen Anstrengungen. Die Trends aller wichtigen Kennzahlen seit 2000 und speziell auch die aktuellen Tendenzen seit 2010 sind für alle Länder
ein wesentlicher Ausgangspunkt.

Die Energieverantwortliche in Wirtschaft und Politik der jeweiligen Länder, sowie
die sich mit dem Klimaschutz befassenden nationalen und internationalen Institutionen
können aus den hier gegebenen Empfehlungen ihre eigenen Schlüsse ziehen und die Maßnahmen in die Wege leiten, die notwendig sind, um mindestens die Bedingungen für das
2-Grad-Ziel und wenn möglich jene des 1,5-Grad-Ziels zu erfüllen.

Evilard, Schweiz   Valentin Crastan
2019

Inhaltsverzeichnis

Abbildungsverzeichnis

Der sechste wie der fünfte IPCC-Bericht über den Klimawandel [6–8] bestätigen im Wesentlichen die Aussagen des vierten Berichts von 2007. Bestätigt wird insbesondere, dass die Erderwärmung menschengemacht ist und eindringlicher als zuvor wird die Notwendigkeit betont die CO_2-Emissionen rasch einzudämmen, um die mittlere Temperaturerhöhung der Erde, als Minimalziel, nicht über 2 °C ansteigen zu lassen (2-Grad-Grenze).

Bereits ein Bericht des Oeschger-Zentrums, Bern von 2013, legte eine strengere Reduktion der CO_2-Emissionen nahe, um Ozeanversauerung (Korallen, Kalkschalen von Meerestieren), Kohlenstoffverlust auf Ackerflächen, Anstieg des Meeresspiegels stärker zu begrenzen [9]; ebenso empfiehlt das Abkommen von Paris 2017 die 1,5-Grad-Grenze.

Der Verlauf der kumulierten Emissionen von 1870 bis 2019 (mit der Annahme von 100 Gt C von 1870 bis 1970, [6, 9]) ist entsprechend der IEA-Statistik [4] in **Abb. 1.1** dargestellt. Jedem kumulierten Wert in 2100 ist die Temperaturerhöhung zugeordnet, die mit 66 % Wahrscheinlichkeit nicht überschritten wird.

Das *2-Grad Ziel* lässt sich nur erreichen, wenn die totalen von der Verbrennung von fossilen Brennstoffen herrührenden CO_2-Emissionen von 1870 bis 2100 rund *800 Gt C* nicht überschreiten (was etwa 2900 Gt CO_2 entspricht).

Um das *1.5-Grad-Ziel* sicherzustellen, dürfen die kumulierten Emissionen höchstens *550 Gt C* erreichen.

Abb. 1.2 stellt die jährlichen weltweiten CO_2-Emissionen bis 2019 und die für die Einhaltung der Klimaziele in Zukunft noch zulässigen dar.

Für die **2-Grad-Grenze** muss bis 2050 ein Emissionswert von 16 Gt CO_2 (nur fossile Energieträger) eingehalten werden (Abb. 1.2). Im Diagramm sind auch zwei strengere Varianten eingetragen, welche die Einhaltung des 1.5-Grad Ziels ermöglichen.

© Springer Fachmedien Wiesbaden GmbH, ein Teil von Springer Nature 2023
V. Crastan, *Kennzahlen zur Erreichung der weltweiten Klimaziele*,
https://doi.org/10.1007/978-3-658-40073-6_1

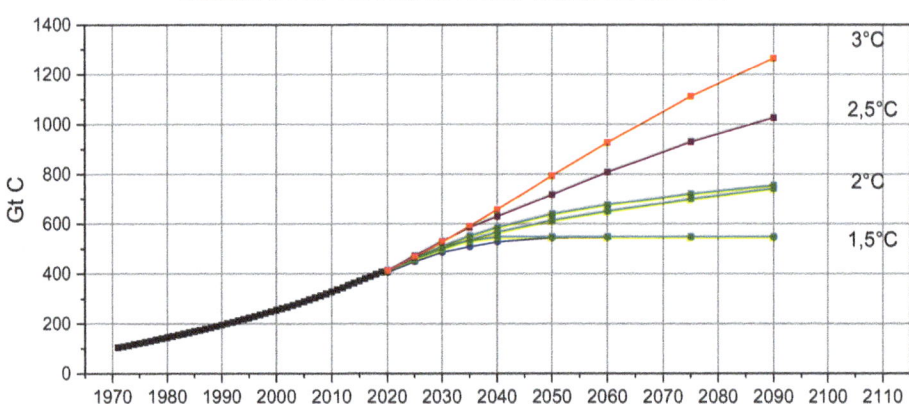

Abb. 1.1 Kumulierte Kohlenstoffemissionen (nur fossile Brennstoffe) weltweit von 1870 bis 2019 und Szenarien bis 2100 mit entsprechender Temperaturerhöhung

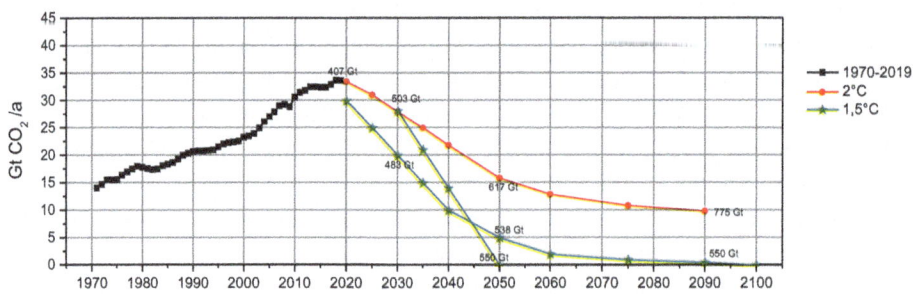

Abb. 1.2 2 °C-Szenario und zwei Wege um das 1.5°-Ziel zu erreichen, mit Angabe der jeweils kumulierten Werte seit 1870, z. B. 407 Gt C bis 2019 (1 Gt C entspricht 3667 Gt CO_2)

Abgehend von der 2-Grad-Variante hat man eine Chance, durch strengerem Abnahmetrend ab 2030 und Reduktion der Emissionen auf Null bis 2050, das *1.5-Grad-Ziel* zu erreichen (kumulierter Wert maximal *550 Gt C*).

Für die sanftere **1.5-Grad-Variante** müssten weltweit die CO_2-Emissionen von 34 Gt in 2019 [4] bereits bis 2030 auf 20 Gt und dann konsequent weiter bis 2050 auf 5 Gt CO_2 reduziert werden.

Um die für das 1.5-Grad-Ziel erforderliche kumulative Emissionsgrenze überhaupt einzuhalten ist ein breiter Einsatz von *CCS (Carbon Capture and Storage)* sowie *CCU (Carbon Capture and Utilization)* und ab 2050 auch Kernfusion erforderlich. Durch

CCS und CCU wird das bei der Verbrennung entstandene CO_2, durch Einfang, von der Atmosphäre ferngehalten und entweder im Boden gespeichert oder zur Herstellung von CO_2-neutralen Brenn- und Treibstoffen verwendet. In einigen Studien wird auch die Möglichkeit von „negativen Emissionen" in Erwägung gezogen, d. h. Biomasse-Verbrennung gekoppelt mit CCS oder CCU, besonders in Zusammenhang mit dem Einsatz und Verbrennung schnell wachsender Pflanzen [8, 10].

Wir untersuchen im vorliegenden Band, welchen Beitrag die Energiewirtschaft aller Regionen oder Länder der betreffenden Kontinente liefern müsste, um das *2-Grad bzw. das 1.5-Grad Ziel* zu erreichen.

Trotz Wachstum der Wirtschaft, muss der Verbrauch fossiler Brennstoffe rasch eingeschränkt und durch andere CO_2-arme Energiequellen ersetzt werden, wobei auch im Falle der *2-Grad-Variante* ein in Grenzen gehaltener Einsatz von CCS und CCU nicht vermeidbar sein wird.

Die Alternative wäre, sich an höhere Temperaturen anzupassen, mit den ernsten z. T. dramatischen Konsequenzen, welche die Klima-Wissenschaft im IPCC-Bericht [6] mehr als deutlich zum Ausdruck gebracht hat. Auf weitere, vorerst eher im Bereich der Science Fiction liegende Möglichkeiten des Geo-Engineering treten wir hier nicht ein.

In Band II dieses *Klimaschutz-Berichts* werden, konkreter ausgedrückt, für die hier betrachteten Weltregionen oder Kontinente, ausgehend von den Grunddaten (Bevölkerung, Bruttoinlandprodukt bei Kaufkraftparität (BIP KKP), Bruttoinlandverbrauch (Bruttoenergie) und CO_2-Ausstoss), die zeitliche Entwicklung der wichtigsten Kenngrössen von 1971 bis 2019 festgehalten und bis 2050 extrapoliert, unter Berücksichtigung der aktuellen Trends, lokaler Faktoren und der Erfordernissen der Klimaziele. Die Daten der bereits in den Berichten [11, 12] behandelten Kontinente, siehe Literaturverzeichnis, sind verbessert und aktualisiert worden.

Indikatoren

Die wichtigsten Kenngrössen sind [2, 3]:

- die **Energieintensität,** in *kWh/$* (Mass der Energieeffizienz der Region oder des Landes),
- die **CO_2-Intensität der verwendeten Energie**, in *g CO_2/kWh,* abhängig vom Energiemix (fossil, nuklear, erneuerbar),
- der daraus resultierende **Indikator der CO_2-Nachhaltigkeit,** definiert als Produkt dieser beiden Grössen (und somit in *g CO_2/$* ausgedrückt)

Mit dem Problem wie die notwendigen Gesamt-Abnahmeraten erreicht werden können ist die Frage verbunden, wie die Anstrengungen auf die einzelnen Kontinente, Regionen und Länder zu verteilen sind. Es wird versucht eine Antwort zu geben, die auf den Emissionen im Verhältnis zur wirtschaftlichen Leistung basiert. Entscheidend für die Umsetzung sind schließlich wirtschaftliche Überlegungen, die durch lokale Politik, aber auch durch internationale Foren und bilaterale Verhandlungen wirksam beeinflusst werden können.

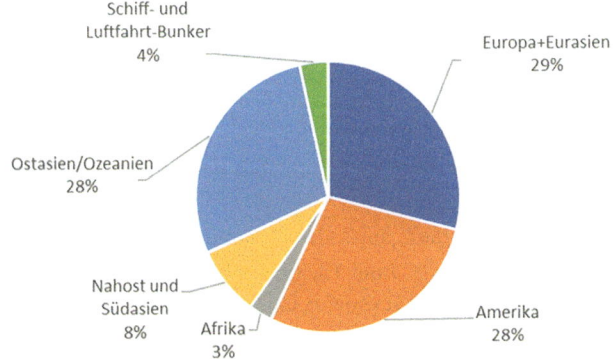

Kohlenstoff-Emissionen durch fossile Brennstoffe,
kumuliert von 1971 bis 2019, Total 307 Gt C

Abb. 1.3 Prozent-Anteile der kumulierten CO_2-Emissionen von 1971 bis 2019. Gt = Gigatonnen

Erdteile

Die zweibändige Reihe teilt die Welt in **fünf Erdteile** auf. Im ersten Band wurden *Europa + Eurasien und Afrika* untersucht. In diesem zweiten Band findet man die Daten und die Analyse der restlichen Weltregionen, mit entsprechenden Handlungsempfehlungen, nämlich von *Amerika, Nahost und Südasien sowie Ost-Asien und Ozeanien.*

Die Abb. 1.3 zeigt die Anteile der Weltregionen an den weltweiten, für den Klimawandel ausschlaggebenden, *kumulierten Kohlestoff-Emissionen von 1971 bis 2019.* Die stark industrialisierten Länder sind eindeutig die Hauptverursacher des Klimawandels wie die Abb. 1.4 noch etwas detaillierter zeigt. Zu den 307 Gt C kumulierte Emissionen von 1971 bis 2019 kommen noch etwa 100 Gt von 1870 bis 1971 hinzu, letztere in erster Linie von Europa und USA verursacht. Seit Beginn der Industrialisierung sind bis 2019 somit *407 Gt C* an die Atmosphäre abgegeben worden. Für das 2-Grad-Ziel sind wie bereits erwähnt bis 2100 maximal 800 Gt C zulässig, für das 1.5-Grad-Ziel nur 550 Gt C.

Die Abb. 1.5 zeigt den Anteil der Weltregionen an den weltweiten CO_2-Emissionen durch fossile Brennstoffe im Jahr 2019. Die in diesem Band behandelten Erdteile: Amerika, Nahost + Südasien und Ostasien/Ozeanien, verursachen zusammen rund 80 % der Emissionen.

Die Abb. 1.6 zeigt wie sich diese Anteile bis 2050 verändern müssen, um die für das 2-Grad-Klimaziel notwendige Reduktion der Gesamtemissionen von 34 Gt auf 16 Gt zu erzielen (in Klammern Änderung der effektiven Emissionen relativ zu 2019). Für Amerika ergibt sich eine Reduktion der Emissionen um 64 %, für Europa + Eurasien um 59 %, für Nahost + Südasien um 19 %, für Ostasien/Ozeanien um 58 %, Afrika darf noch etwas zulegen.

Um das 1.5-Grad-Ziel zu erreichen, müssten die Gesamtemissionen bis 2050 deutlich stärker nämlich insgesamt auf 5 Gt reduziert werden. Die notwendigen Reduktionen ab

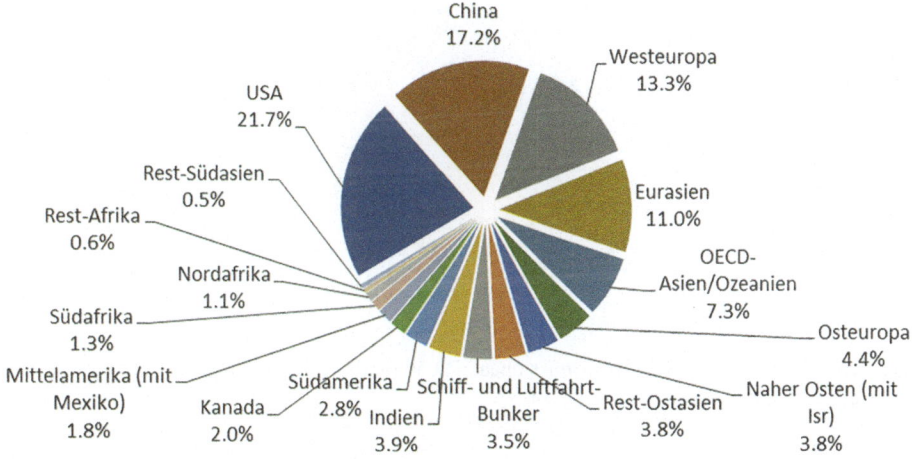

Abb. 1.4 Verursacher der kumulierten Emissionen seit 1971

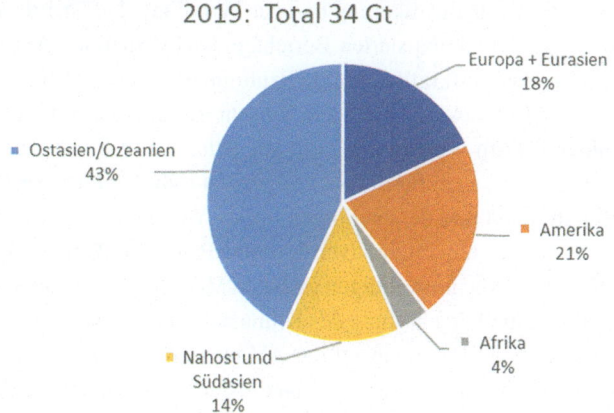

Abb. 1.5 Prozent-Anteile der fünf Weltregionen an den CO_2-Emissionen in 2019

2019 sind wesentlich schärfer: Amerika (−85 %), Nahost + Südasien (−67 %), Ost-asien/Ozeanien (−91 %), Afrika (−39 %), Europa + Eurasien (−87 %), für Details s. Kap. 3, 6 und 9, sowie Band I.

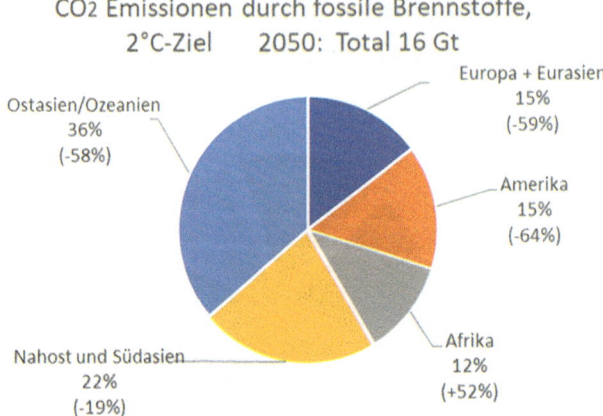

Abb. 1.6 Prozent-Anteile der CO_2-Emissionen in 2050 für das 2-Grad-Klimaziel und In Klammern notwendige Reduktion ab 2019

Daten

Das für die Analyse verwendete Datenmaterial, s. auch Literaturverzeichnis, sei nachfolgend zusammengestellt:

- Die statistischen Daten zur Bevölkerung und zur Verteilung des Energieverbrauchs aller Länder stammen aus den aktualisierten Berichten der Internationalen Energie Agentur (IEA) [4]. Jene über das kaufkraftbereinigte Bruttoinlandprodukt (BIP KKP) einschließlich prognostizierter Entwicklung sind dem Bericht des Internationalen Währungsfonds (IMF) entnommen [5] (im Wesentlichen mit jenen der Weltbank übereinstimmend) mit dem Vorteil, dass Voraussagen für die nachfolgenden sieben Jahren vorliegen.
- Das Thema Klimawandel und dessen Folgen für die Weltgemeinschaft wird ausführlich in den Berichten des letzten Intergouvernemental Panels on Climate Change (IPCC) analysiert [6–8]. Ebenso die notwendigen globalen Maßnahmen für den Klimaschutz. Zu den Argumenten für eine Verschärfung des Klimaziels, d. h., wenn möglich die 1,5 Grad Grenze anzupeilen, sei auf [9] sowie auf das Abkommen von Paris 2017 hingewiesen.
- Die allgemeinen und für das vertiefte Verständnis der energiewirtschaftlichen Aspekte notwendigen Grundlagen, und dies aus der weltweiten Perspektive, sind auch in [3] und die notwendigen Bedingungen für die Einhaltung der Klimaziele in Kap. 1 gegeben (s. dazu auch [2]). Allgemeine Unterlagen zur elektrischen Energieversorgung findet man in [1].

Teil I
Amerika

Energiewirtschaftliche Analyse

2

2.1 Einführung

In **Teil I** dieses zweiten Bandes der Reihe „Kennzahlen zur Erreichung der weltweiten Klimaziele" wird der *amerikanische Kontinent* behandelt. Amerika ist Ende des 15. Jahrhunderts von Europa „entdeckt", oder wiederentdeckt, dann besiedelt bzw. kolonisiert worden und hat sich seither progressiv zur mächtigsten Weltregion entwickelt. Amerika ist mit Europa kulturell und im Rahmen der nordatlantischen Allianz auch politisch eng verbunden.

Nach der Analyse in diesem Kapitel der Entwicklung aller maßgebenden Größen wie Bevölkerung, Bruttoinlandprodukt, detaillierter Energieverbrauch und CO_2-Emissionen bis 2019 werden in Kap. 3 Szenarien für die künftige Entwicklung, welche die Klimaziele respektiert, dargelegt.

Sinnvoll ist die Unterteilung des Kontinents in drei Regionen, nämlich das englischsprechende und z. T. frankophone *Nord-Amerika* (USA + Kanada) sowie die beiden zu Lateinamerika, d. h. zum spanisch-portugiesischen Kulturkreis gehörendem *Mittel- und Süd-Amerika*. Im Unterschied zur oft üblichen Praxis haben wir Mexiko Mittelamerika zugeordnet.

2.2 Bevölkerung und Bruttoinlandprodukt

Aus geschichtlicher aber auch energiewirtschaftlicher Sicht ist es zweckmäßig den amerikanischen Kontinent folgendermaßen zu unterteilen (Abb. 2.1):

- **Kanada + Vereinigte Staaten** (franko-angelsächsisches Nord-Amerika). Mexiko wird, wie bereits erwähnt, Mittelamerika zugeordnet.

© Springer Fachmedien Wiesbaden GmbH, ein Teil von Springer Nature 2023
V. Crastan, *Kennzahlen zur Erreichung der weltweiten Klimaziele*,
https://doi.org/10.1007/978-3-658-40073-6_2

Abb. 2.1 Amerikanischer Kontinent

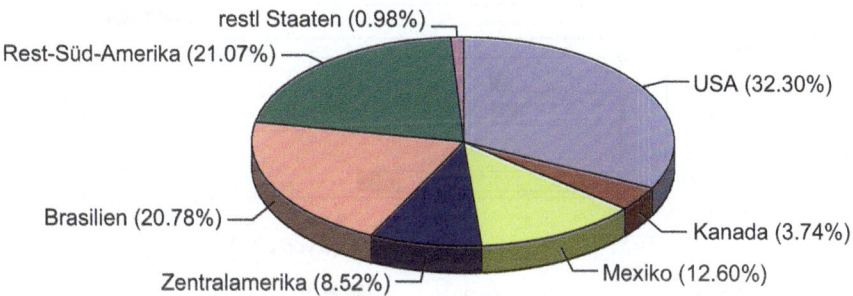

Abb. 2.2 Prozentuale Aufteilung der Bevölkerung Amerikas

- **Mittel-Amerika** (Mexico, Costa Rica, Kuba, Dominikanische Republik, El Salvador, Guatemala, Haiti, Honduras, Jamaika, Nicaragua, Panama, restliche Staaten).
- **Süd-Amerika** (Brasilien, Argentinien, Bolivien, Chile, Kolumbien, Ecuador, Paraguay, Peru, Uruguay, Venezuela, restliche Staaten).

Der amerikanische Kontinent weist 2019, mit nahezu einer Milliarde Einwohner (Abb. 2.2), ein Bruttoinlandprodukt bei Kaufkraftparität BIP (KKP) von 28.900 Mrd. US$ auf (US$ von 2010 = 0,90 * US$ von 2005 = 1,09 * US$ von 2015). Am gewichtigsten sind die Vereinigten Staaten (USA), die mit 31 % der Bevölkerung 63 % des kaufkraftbereinigten Bruttoinlandproduktes des Kontinents erbringen.

Die Verteilung des *BIP (KKP) pro Kopf* und dessen Änderung von 2000 bis 2019 zeigt Abb. 2.3. Der Mittelwert beträgt rund 2800 $/a in 2019 und hat seit 2000 um rund 16 % zugenommen. Stark ist der Unterschied zwischen USA/Kanada und Mittel- und Süd-Amerika.

Die Bevölkerungsverteilung in *Mittel-Amerika* ist in Abb. 2.4 dargestellt. Dominierend ist *Mexiko* mit nahezu 60 % der Bevölkerung und knapp 66 % des 2019 insgesamt 3160 Mrd. US$ ($ von 2010) betragenden BIP (KKP). Die Verteilung des kaufkraftbereinigten pro Kopf BIP der Länder Mittel-Amerikas ist detailliert in Abb. 2.5 gegeben. Der Mittelwert beträgt 14.100 $/a und hat seit 2000 bis 2016 um 24 % zugenommen dann aber bis 2019 um 3 % abgenommen. Über 15.000 $/a liegen Mexiko, die Dominikanische Republik, Costa Rica, Kuba und Panama.

Die Abb. 2.6 zeigt schließlich die Bevölkerungsstruktur *Süd-Amerikas*. Sowohl demographisch als auch wirtschaftlich hat *Brasilien* das größte Gewicht mit knapp 50 % der Bevölkerung und 50 % des BIP.

Abb. 2.7 zeigt die Verteilung des kaufkraftbereinigten BIP pro Kopf der einzelnen Länder dieses Subkontinents. Das BIP (KKP) ist 2019 insgesamt knapp 5700 Mrd. US$

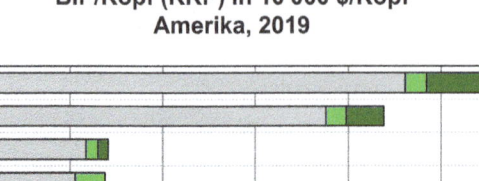

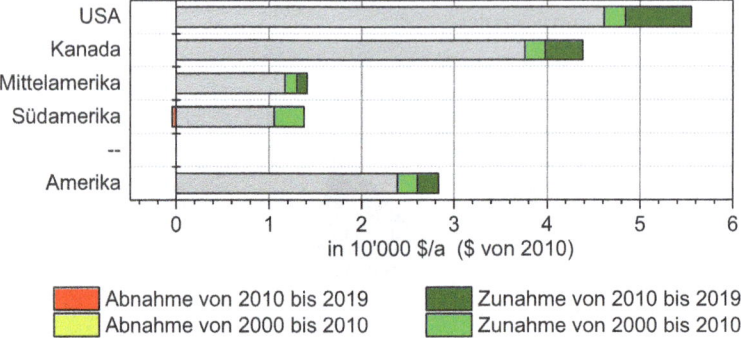

Abb. 2.3 BIP (KKP) pro Kopf der Länder und Subkontinente Amerikas, Änderungen seit 2000

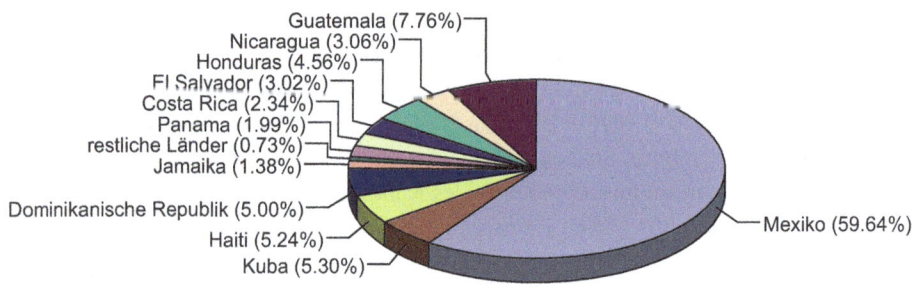

Abb. 2.4 Prozentuale Aufteilung der Bevölkerung Mittel-Amerikas in 2019

($ von 2010), dessen Mittelwert pro Kopf beträgt 13.300 $/a und hat seit 2000 bis 2016 um 32 % zugenommen um dann wieder leicht abzunehmen. Starke Fortschritte sind vor allem in *Uruguay* festzustellen. In *Chile* stagniert es eher seit 2016, in *Brasilien* ist ein leichter Rückschritt und in *Venezuela* ein regelrechter Einbruch zu verzeichnen.

2.3 Bruttoenergie, Endenergie, Verluste des Energiesektors und entsprechende CO₂-Emissionen

Die **Endenergie** (100 % in Abb. 2.8) setzt sich zusammen aus 4 Endenergien:

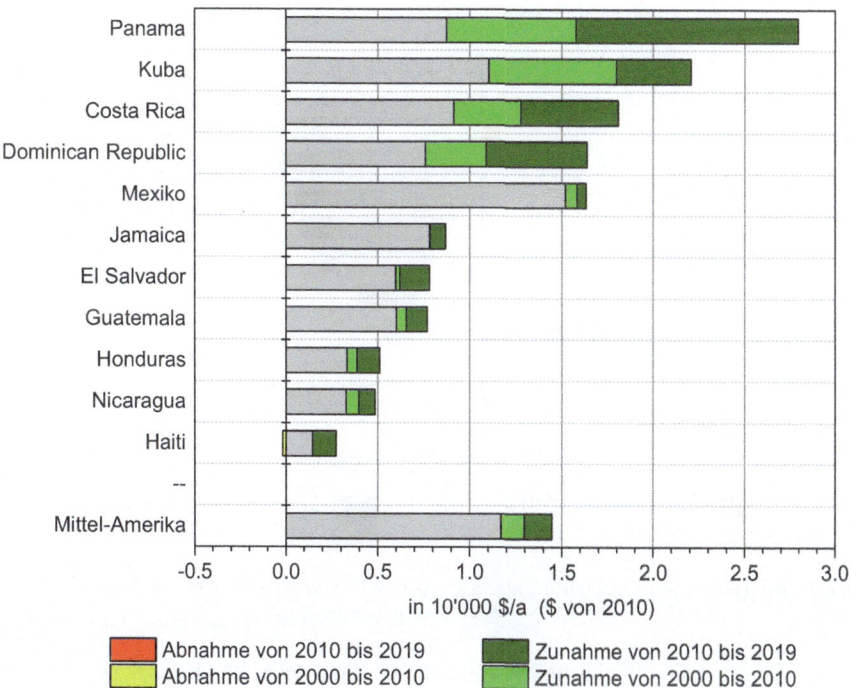

Abb. 2.5 BIP (KKP) pro Kopf der Länder Mittelamerikas in 2019 und Fortschritte seit 2000

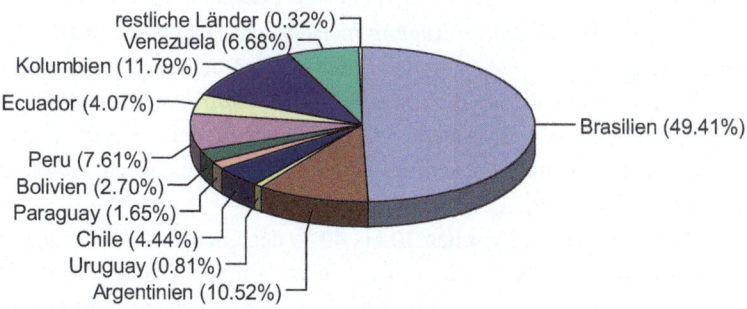

Abb. 2.6 Prozentuale Aufteilung der Bevölkerung Süd-Amerikas in 2019

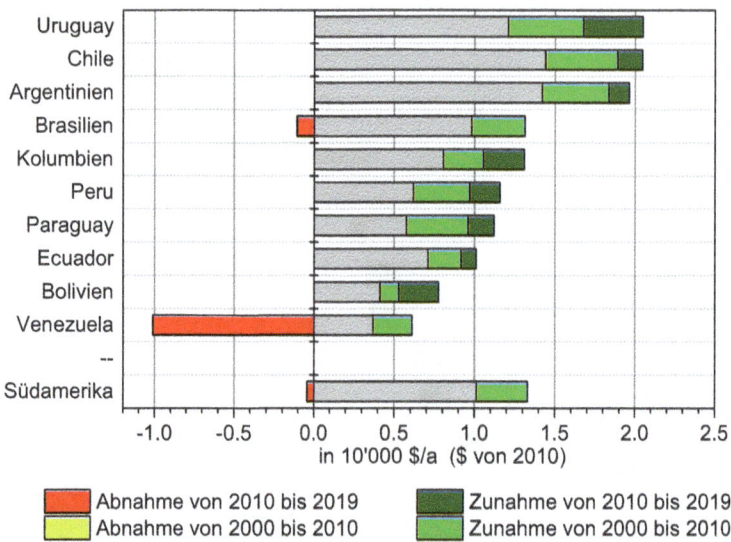

Abb. 2.7 BIP (KKP) pro Kopf der Länder Süd-Amerikas und Änderungen seit 2000

- „Wärme" (ohne Elektrizität und Fernwärme (s. dazu auch Abschn. 2.4.1),
- Treibstoffe (ohne Elektrizität),
- Elektrizität (alle Anwendungen)
- Fernwärme.

Die **Bruttoenergie** ist die Summe der vier Endenergien und aller im *Energiesektor* entstehenden Verluste. Der Energiesektor dient der Umwandlung von Bruttoenergie in Endenergie, wobei die *Elektrizitätserzeugung* meistens die Hauptrolle spielt.

Die **Energiestruktur** von *USA + Kanada* und von den beiden gewichtigsten Ländern von Mittel- und Süd-Amerika, nämlich *Mexiko* und *Brasilien,* wird in Abb. 2.8 veranschaulicht. Dargestellt werden die Anteile an der Endenergie der drei *Verbrauchssektoren* (Industrie, Verkehr, Haushalte etc.) und die Anteile der verschiedenen *Energieträger* an den 4 Endenergien.

Im **Wärmebereich** werden zwischen 30 bis 40 % der Endenergie verbraucht wobei in den USA und Kanada vor allem Erdgas zum Einsatz kommt während in Mexiko Erdöl vorherrscht. In Brasilien ist ein hoher Anteil an Biomasse zu verzeichnen. Der **Verkehrsbereich,** vom Öl dominiert, beansprucht über 40 % der Endenergie. Lediglich in Brasilien unterschreitet der Öl-Anteil diese Grenze dank Biotreibstoffen.

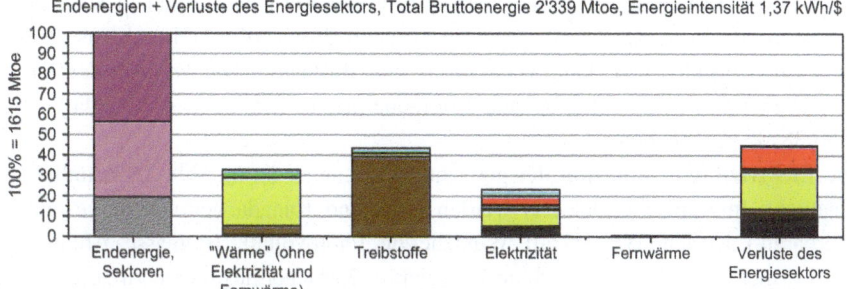

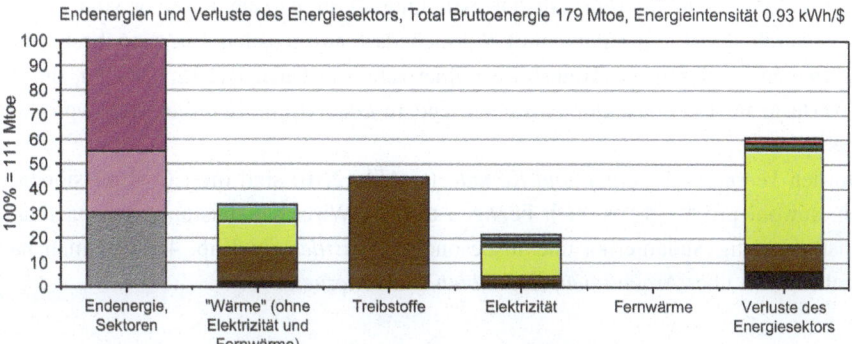

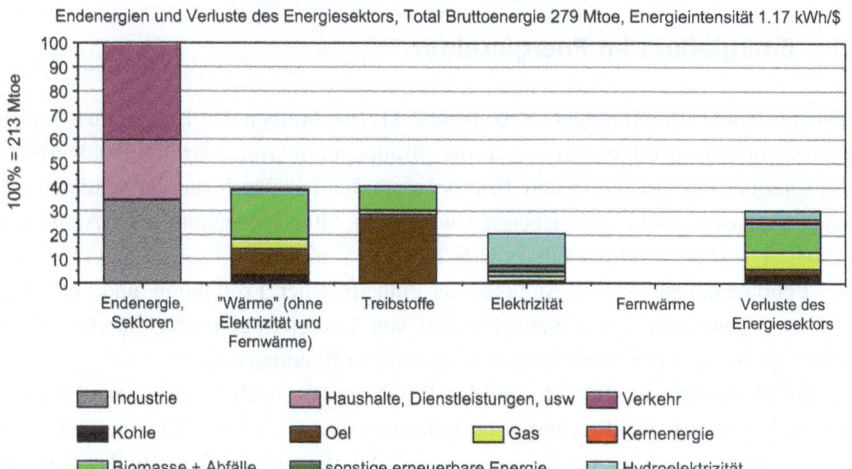

Abb. 2.8 Bruttoenergie (= Endenergie + Verluste des Energiesektors) der gewichtigsten Länder in 2019. Endenergie besteht aus Wärme (ohne Elektrizität und Fernwärme), Treibstoffe, Elektrizität und Fernwärme

Unterschiede sind vor allem im **Energiesektor** festzustellen: hohe Kohleanteile in USA und hohe Erdgasanteile in Kanada. Dazu etwas Kernenergie und in Kanada auch viel Wasserkraft. In Mexiko dominieren die fossilen Brennstoffen Öl und Gas. Brasilien ist wesentlich nachhaltiger dank Wasserkraft und Biomasse. Die *Verluste des Energiesektors* betragen in % der eingesetzten Bruttoenergie: in den USA + Kanada 32 %, in Mexiko 38 %, in Brasilien 23 %[1]

Die **Elektrizitätsproduktion** der gewichtigsten Länder ist in Abb. 2.9 detailliert veranschaulicht. In Kap. 4 (Abb. 4.1) werden USA und Kanada getrennt dargestellt. Die erneuerbaren Energien (Wasserkraft, Windenergie, Photovoltaik, Biomasse, Abfälle) bzw. die CO_2-armen Energien (erneuerbare Energien + Kernenergie) tragen zur Elektrizitätsproduktion wie in Tab. 2.1 dargestellt bei.

Aus der Energiestruktur ergeben sich die in Abb. 2.10 dargestellten *CO_2-Emissionen.* In der Industrie und im Haushalt-/Dienstleitungs-/Landwirtschaftssektor sind die Emissionen durch den Elektrizitäts- und Wärmebedarf aus fossilen Energien bestimmt, im Verkehrsbereich durch die Treibstoffe (Ölderivate und Gas). Die Emissionen, die durch die Verluste im Energiesektor entstehen sind in erster Linie der Elektrizitätsproduktion zuzuschreiben.

In den *Vereinigten Staaten und Kanada* (s. Abb. 2.10) sind die CO_2-Emissionen sehr hoch, sowohl pro Kopf als auch bezogen auf die Wirtschaftsleistung. Am nachhaltigsten ist eindeutig Südamerika und insbesondere *Brasilien.* In Kap. 4 findet man nähere Angaben auch über *Argentinien, Kolumbien und Venezuela.*

2.4   Energieflüsse im Jahr 2019

2.4.1   Energiefluss im Energiesektor

Die entsprechenden Abbildungen, z. B. Abb. 2.11, beschreiben den Energiefluss im Energiesektor von der Primärenergie über die Bruttoenergie (oder Bruttoinlandverbrauch) zur Endenergie. Primärenergie und Bruttoenergie werden durch die verwendeten *Energieträger* veranschaulicht. Alle Energien werden in Mtoe (Megatonnen Öl-Äquivalente) angegeben. (1 Mtoe = 11,6 TWh = 41,9 TJ).

Die **Primärenergie** ist die Summe aus einheimischer Produktion und, für Regionen, Netto-Importe abzüglich Netto-Exporte von Energieträgern (für Länder effektive Importe/Exporte statt nur Netto-Importe/Exporte pro Energieträger).

Die **Bruttoenergie** ergibt sich aus der Primärenergie nach Abzug des nichtenergetischen Bedarfs (z. B. für die chemische Industrie) und eventueller Lagerveränderungen. Abgezogen werden auch die für die internationale Schiff- und Luftfahrt-Bunker benötigten Energiemengen. Die entsprechenden CO_2-Emissionen werden nur weltweit erfasst.

---

[1] Bemerkung: Hydroelektrizität, statt Wasserkraft, ergibt keine Verluste.

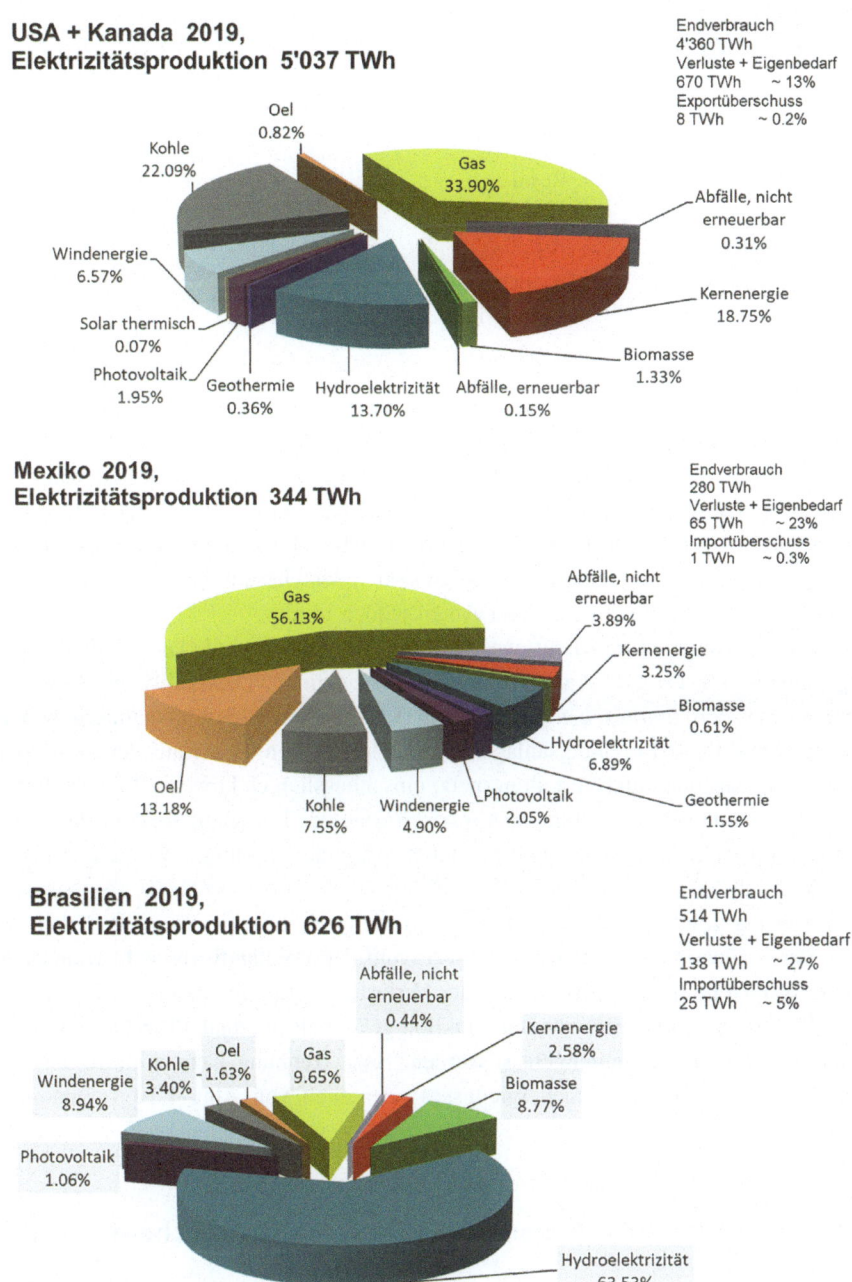

Abb. 2.9 Elektrizitätsproduktion der wichtigsten Länder Amerikas in 2019 und entsprechende Energieträgeranteile. Import- bzw. Exportüberschuss und Verluste + Eigenbedarf in % des Endverbrauchs (s. getrennte Daten für USA und Kanada in Kap. 4, Abb. 4.1)

Tab. 2.1 Anteil erneuerbare und CO_2-arme Energien 2019

	Erneuerbare Energien	CO_2-arme Energien
USA + Kanada	24 %	43 %
Mexiko	16 %	19 %
Restliches Mittelamerika	37 %	37 %
Brasilien	82 %	85 %
Restliches Südamerika	57 %	59 %

Es ist die Aufgabe des **Energiesektors,** den Verbrauchern Energie in Form von *Endenergie* zur Verfügung zu stellen. Wir unterscheiden in diesem Diagramm 4 Formen von Endenergie: *Elektrizität, Fernwärme, Treibstoffe und „Wärme".* Letztere besteht hauptsächlich aus nichtelektrischer Heizungs- und Prozesswärme (aus fossilen oder erneuerbaren Energien) und ohne Fernwärme. Stationäre Arbeit nichtelektrischen Ursprungs kann ebenfalls enthalten sein (z. B. stationäre Gas- Benzin- oder Dieselmotoren sowie Pumpen); zumindest in Industrieländern ist dieser Anteil jedoch minim.

Mit der Umwandlung von Bruttoenergie in Endenergie sind Verluste verbunden, die wir gesamthaft als *Verluste des Energiesektors* bezeichnen. Diese Verluste setzen sich zusammen aus den *thermischen Verlusten* in Kraftwerken (thermodynamisch bedingt) sowie in Wärme-Kraft-Kopplungsanlagen und in Heizwerken, ferner aus den *elektrischen Verlusten* im Transport- und Verteilungsnetz, einschliesslich elektrischer Eigenbedarf des Energiesektors und schliesslich aus den *Restverlusten* des Energiesektors (in Raffinerien, Verflüssigungs- und Vergasungsanlagen, durch Wärmeübertragung, Wärme-Eigenbedarf usw.).

Das Schema zeigt ferner die mit den Verlusten des Energiesektors und dem Verbrauch der Endenergien verbundenen, also vom Bruttoinlandverbrauch verursachten *CO_2-Emissionen in Mt.* Der grösste Teil der Verluste des Energiesektors ist in der Regel mit der Elektrizitäts- und Fernwärmeproduktion gekoppelt, weshalb die CO_2-Emissionen dieser drei Faktoren zusammengefasst werden. Eine Trennung kann mithilfe der nachfolgenden Diagramme des Endenergieflusses oder auch von Abb. 1.10 vorgenommen werden.

2.4.2 Energiefluss der Endenergie zu den Endverbrauchern

Die Abbildungen, z. B. Abb. 2.12, zeigen wie sich die 4 Endenergiearten auf die drei Endverbraucherkategorien verteilen. Ebenso werden die CO_2-Emissionen diesen Verbrauchergruppen zugeordnet.

Die Endverbraucher sind (gemäss IEA-Statistik)

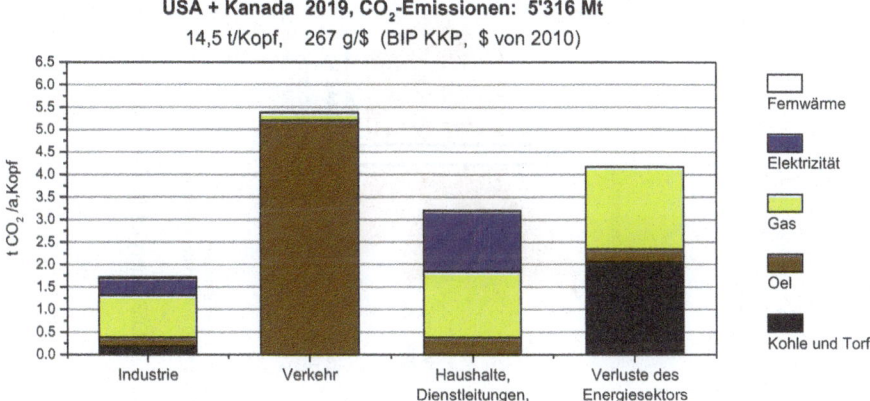

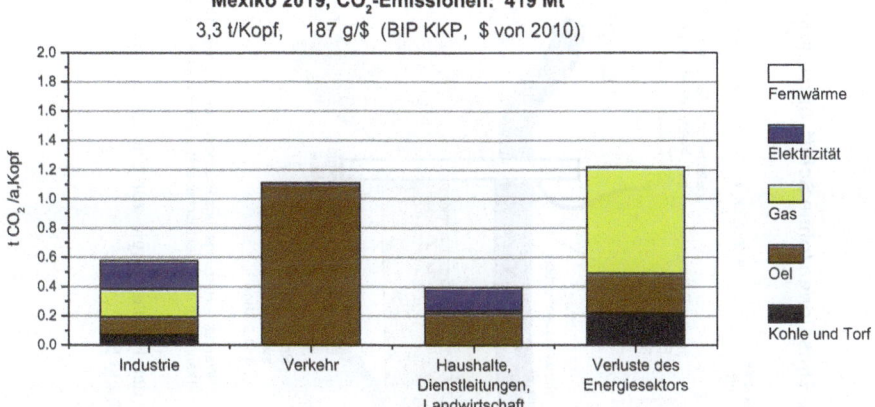

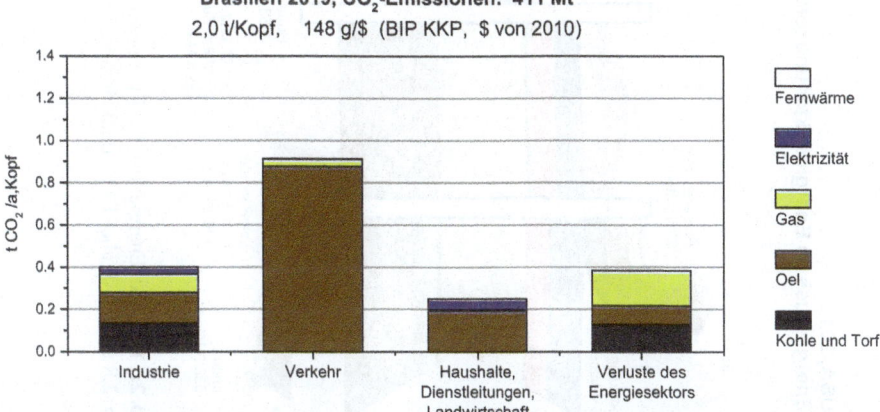

Abb. 2.10 CO_2-Ausstoss der Länder nach Verbrauchssektor und Energieträger in 2019

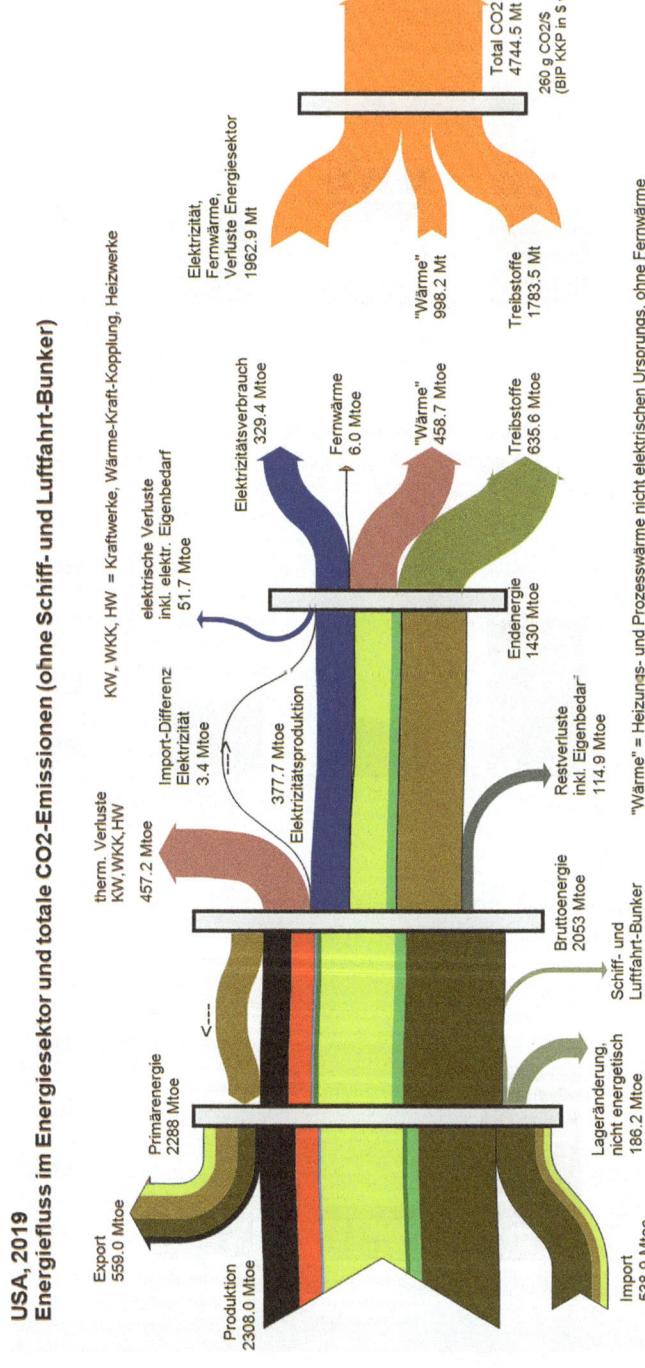

USA, 2019
Energiefluss im Energiesektor und totale CO2-Emissionen (ohne Schiff- und Luftfahrt-Bunker)

KW, WKK, HW = Kraftwerke, Wärme-Kraft-Kopplung, Heizwerke

Export
559.0 Mtoe

Produktion
2308.0 Mtoe

Primärenergie
2288 Mtoe

Import
538.9 Mtoe

Lageränderung,
nicht energetisch
186.2 Mtoe

therm. Verluste
KW,WKK,HW
457.2 Mtoe

Import-Differenz
Elektrizität
3.4 Mtoe

377.7 Mtoe
Elektrizitätsproduktion

Bruttoenergie
2053 Mtoe

Schiff- und
Luftfahrt-Bunker
48.5 Mtoe

elektrische Verluste
inkl. elektr. Eigenbedarf
51.7 Mtoe

Elektrizitätsverbrauch
329.4 Mtoe

Fernwärme
6.0 Mtoe

"Wärme"
458.7 Mtoe

Treibstoffe
635.6 Mtoe

Endenergie
1430 Mtoe

Restverluste
inkl. Eigenbedarf
114.9 Mtoe

Elektrizität,
Fernwärme,
Verluste Energiesektor
1962.9 Mt

"Wärme"
998.2 Mt

Treibstoffe
1783.5 Mt

Total CO2
4744.5 Mt

260 g CO2/$
(BIP KKP in $ von 2010)

"Wärme" = Heizungs- und Prozesswärme nicht elektrischen Ursprungs, ohne Fernwärme
(kann auch nichtelektrische, stationäre Arbeit enthalten, in Industrieländern in der Regel minim).

Abb. 2.11 USA: Energiefluss im Energiesektor von der Primärenergie zur Endenergie und CO_2-Ausstoss. Die Energieträgerfarben sind wie in Abb. 2.8 und 2.10 (aber Erdöl dunkelbraun, Erdölprodukte hellbraun)

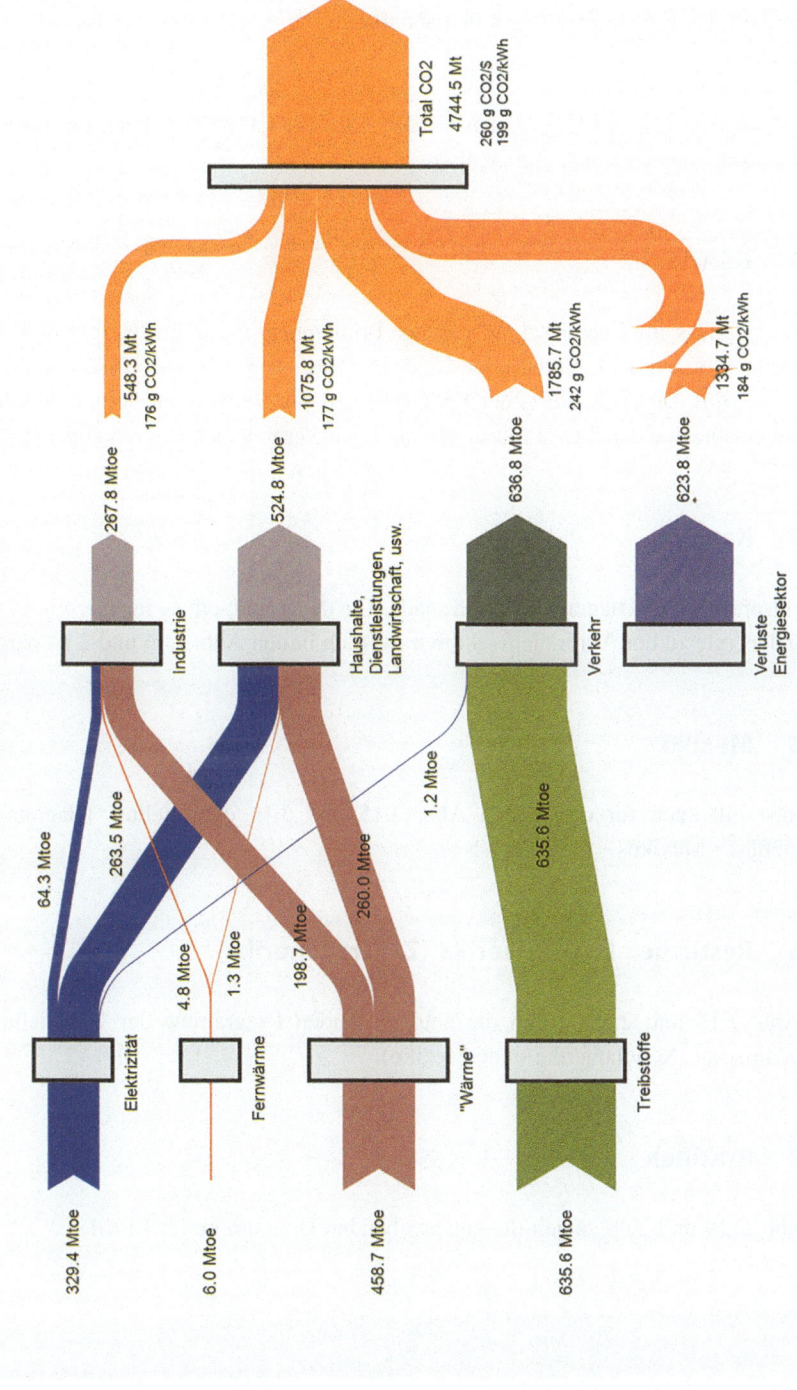

USA, 2019
Energiefluss der Endenergie und totaler CO2-Ausstoss (ohne Schiff- und Luftfahrt-Bunker)

Abb. 2.12 USA: Energiefluss der Endenergie zu den Endverbrauchern und zugeordnete CO_2-Emissionen

- Industrie
- Haushalt, Dienstleistungen, Landwirtschaft etc.
- Verkehr

Zur Bildung der Gesamt-Emissionen werden noch die CO_2-Emissionen der im Energie-sektor entstehenden Verluste hinzugefügt.

2.4.3 USA

Der Energiefluss im Energiesektor von der Primärenergie zur Endenergie und die sich ergebenden totalen CO_2-Emissionen sind in Abb. 2.11 für die USA dargestellt. In Abb. 2.12 wird der Energiefluss der Endenergie zu den Endverbrauchern veranschaulicht und die entsprechenden CO_2-Emissionen sind den Verbrauchersektoren zugeordnet.

2.4.4 Kanada

Die entsprechenden Diagramme für Kanada, für den Energiefluss im Energiesektor und der Endenergie zu den Verbrauchssektoren, werden in den Abb. 2.13 und 2.14 dargestellt.

2.4.5 Mexiko

Dasselbe gilt auch für die in den Abb. 2.15 und 2.16 dargestellten Diagramme der Energieflüsse Mexikos.

2.4.6 Restliches Mittelamerika (Zentralamerika)

Die Abb. 2.17 und 2.18 zeigen die entsprechenden Diagramme der Energieflüsse für Zentralamerika (Mittelamerika ohne Mexiko).

2.4.7 Brasilien

Die Abb. 2.19 und 2.20 zeigen die entsprechenden Diagramme für Brasilien.

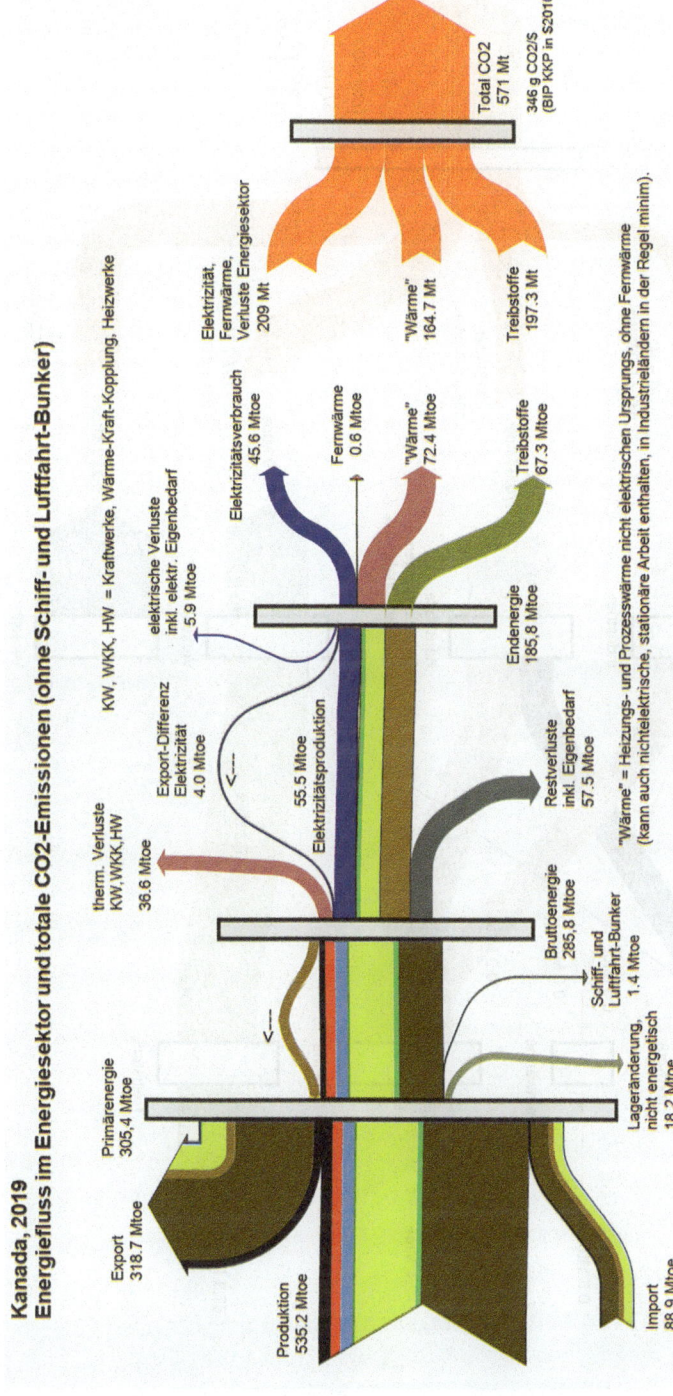

Abb. 2.13 Kanada: Energiefluss im Energiesektor von der Primärenergie zur Endenergie und CO_2-Ausstoss. Die Energieträgerfarben sind wie in Abb. 2.8 und 2.10 (aber Erdöl dunkelbraun, Erdölprodukte hellbraun)

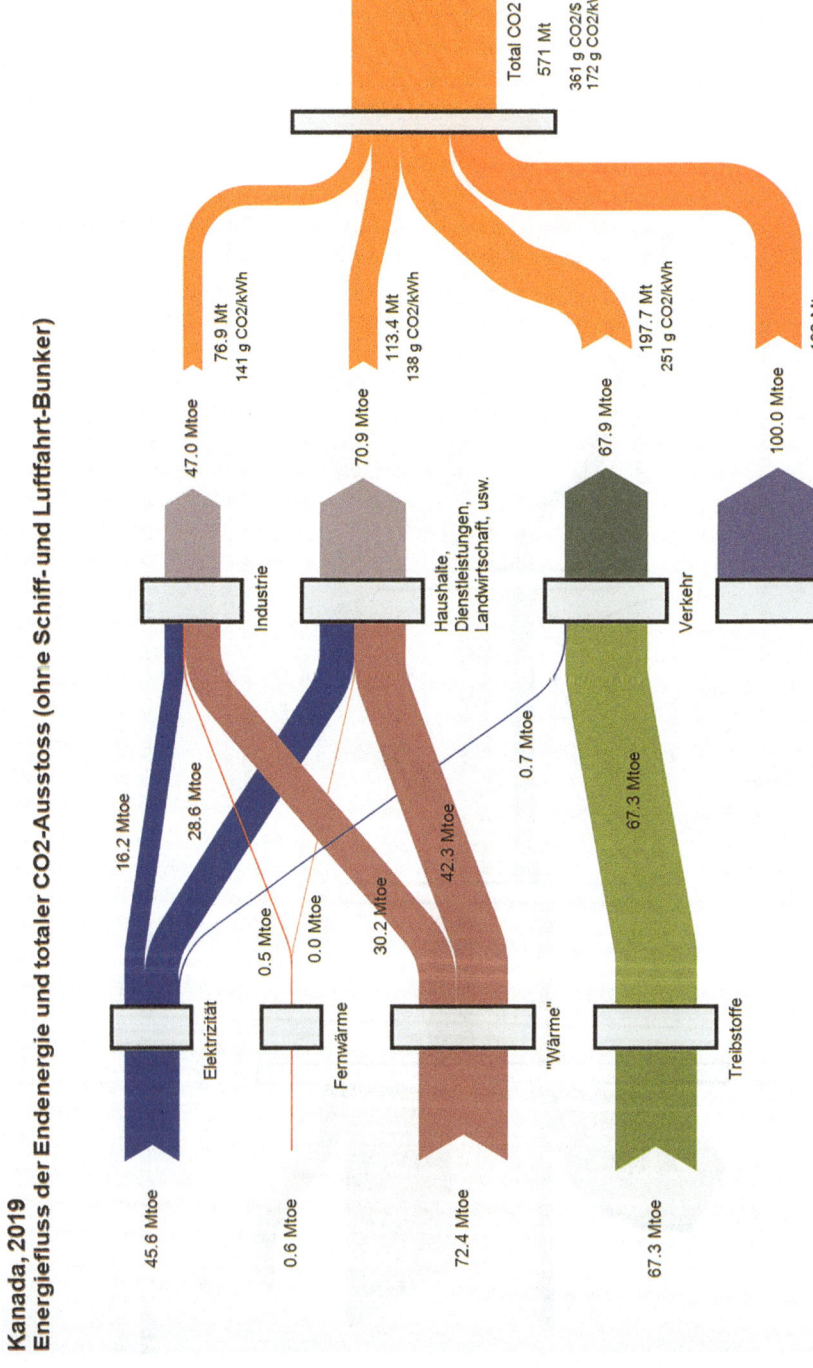

Kanada, 2019
Energiefluss der Endenergie und totaler CO2-Ausstoss (ohne Schiff- und Luftfahrt-Bunker)

Abb. 2.14 Kanada: Energiefluss der Endenergie zu den Endverbrauchern und zugeordnete CO_2-Emissionen

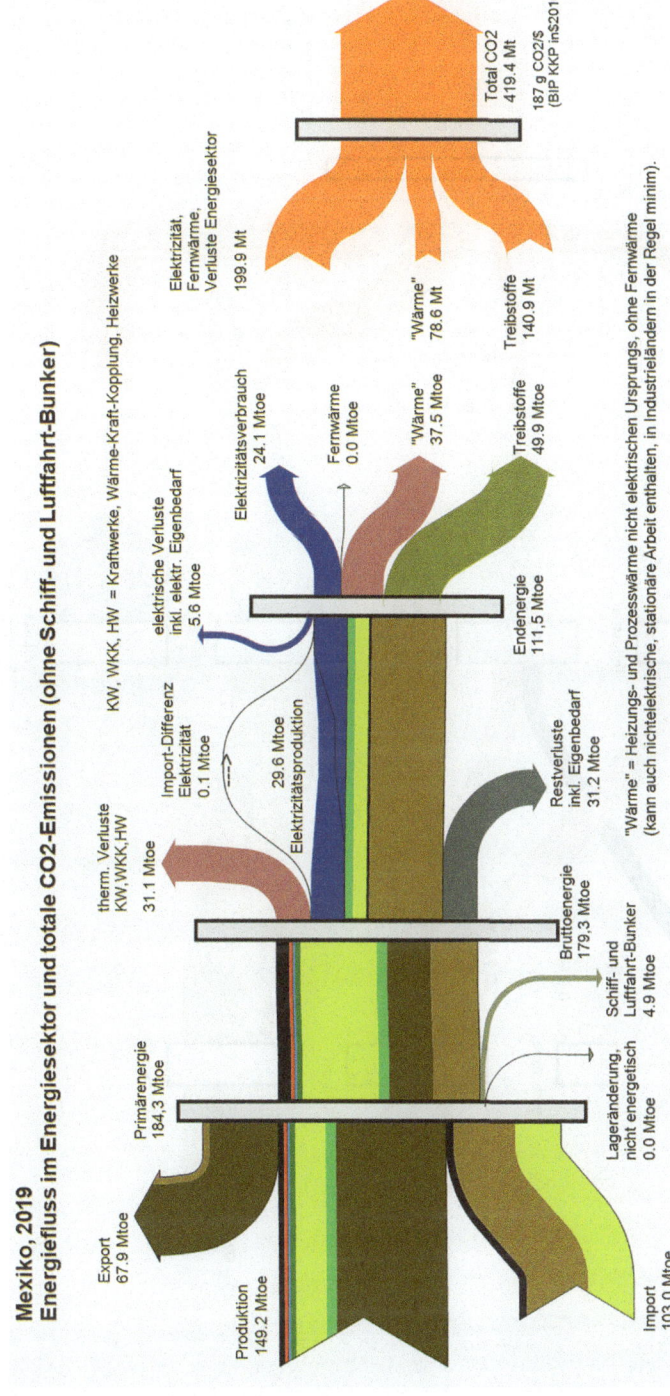

Abb. 2.15 Mexiko: Energiefluss im Energiesektor von der Primärenergie zur Endenergie und CO₂-Ausstoss. Die Energieträgerfarben sind wie in Abb. 2.8 und 2.10 (aber Erdöl dunkelbraun, Erdölprodukte hellbraun)

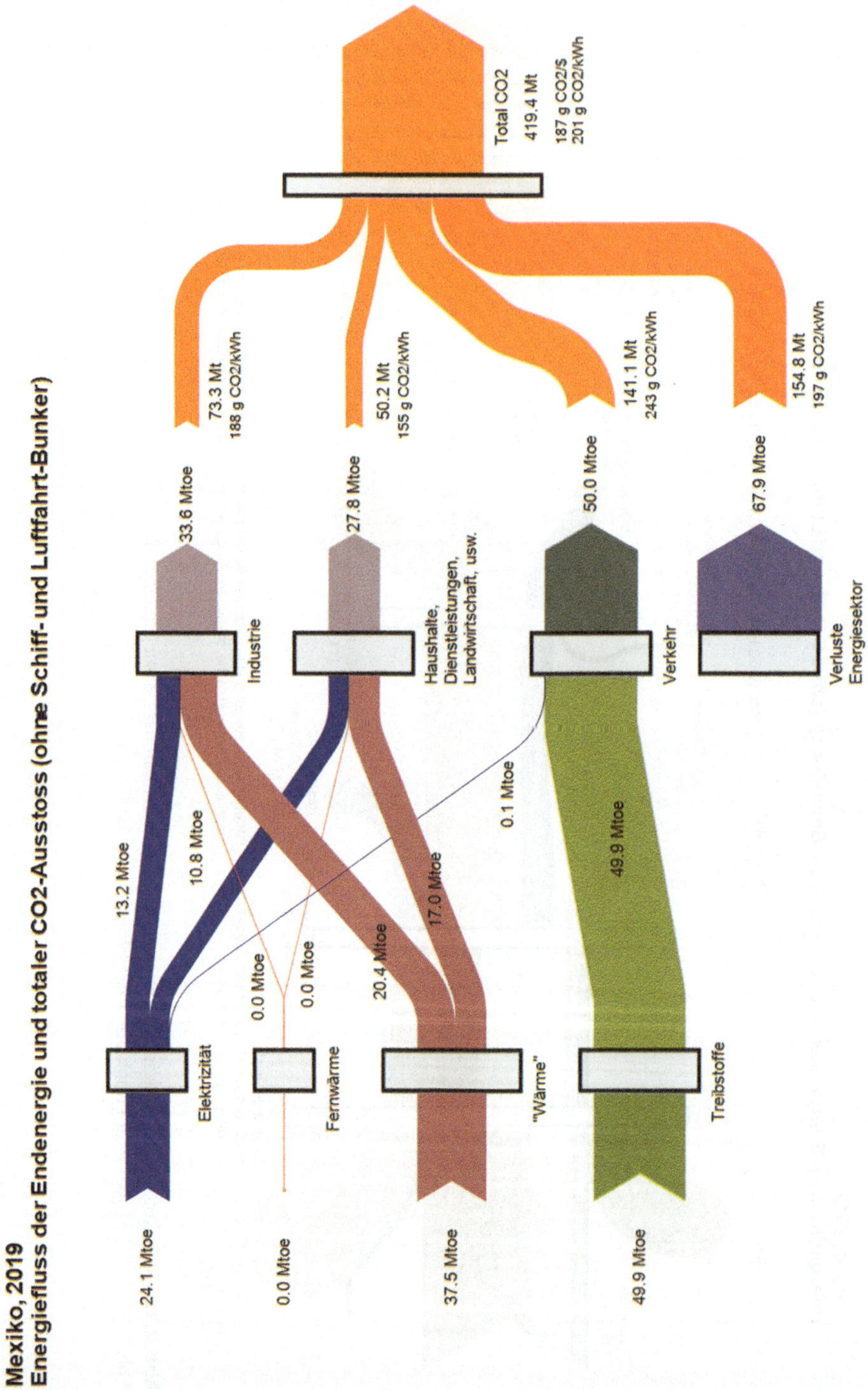

Mexiko, 2019
Energiefluss der Endenergie und totaler CO2-Ausstoss (ohne Schiff- und Luftfahrt-Bunker)

Abb. 2.16 Mexiko: Energiefluss der Endenergie zu den Endverbrauchern und zugeordnete CO$_2$-Emissionen

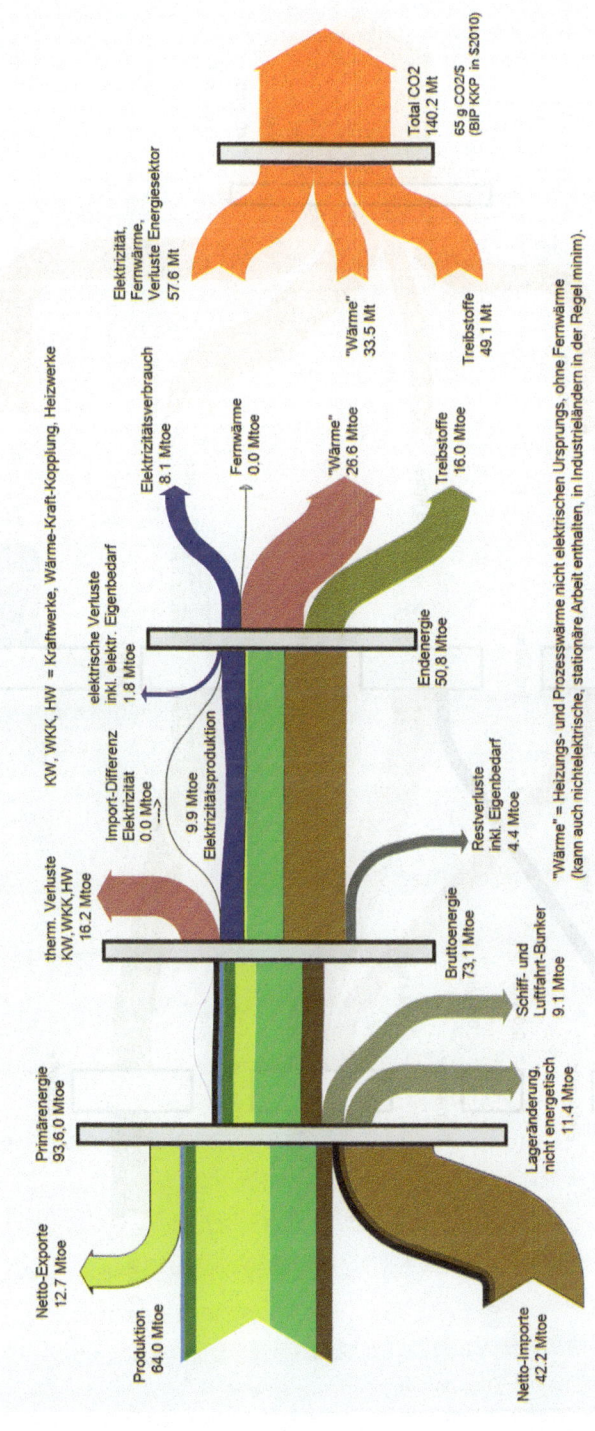

Abb. 2.17 Zentralamerika: Energiefluss im Energiesektor von der Primärenergie zur Endenergie und CO_2-Ausstoss. Die Energieträgerfarben sind wie in Abb. 2.8 und 2.10 (aber Erdöl dunkelbraun, Erdölprodukte hellbraun)

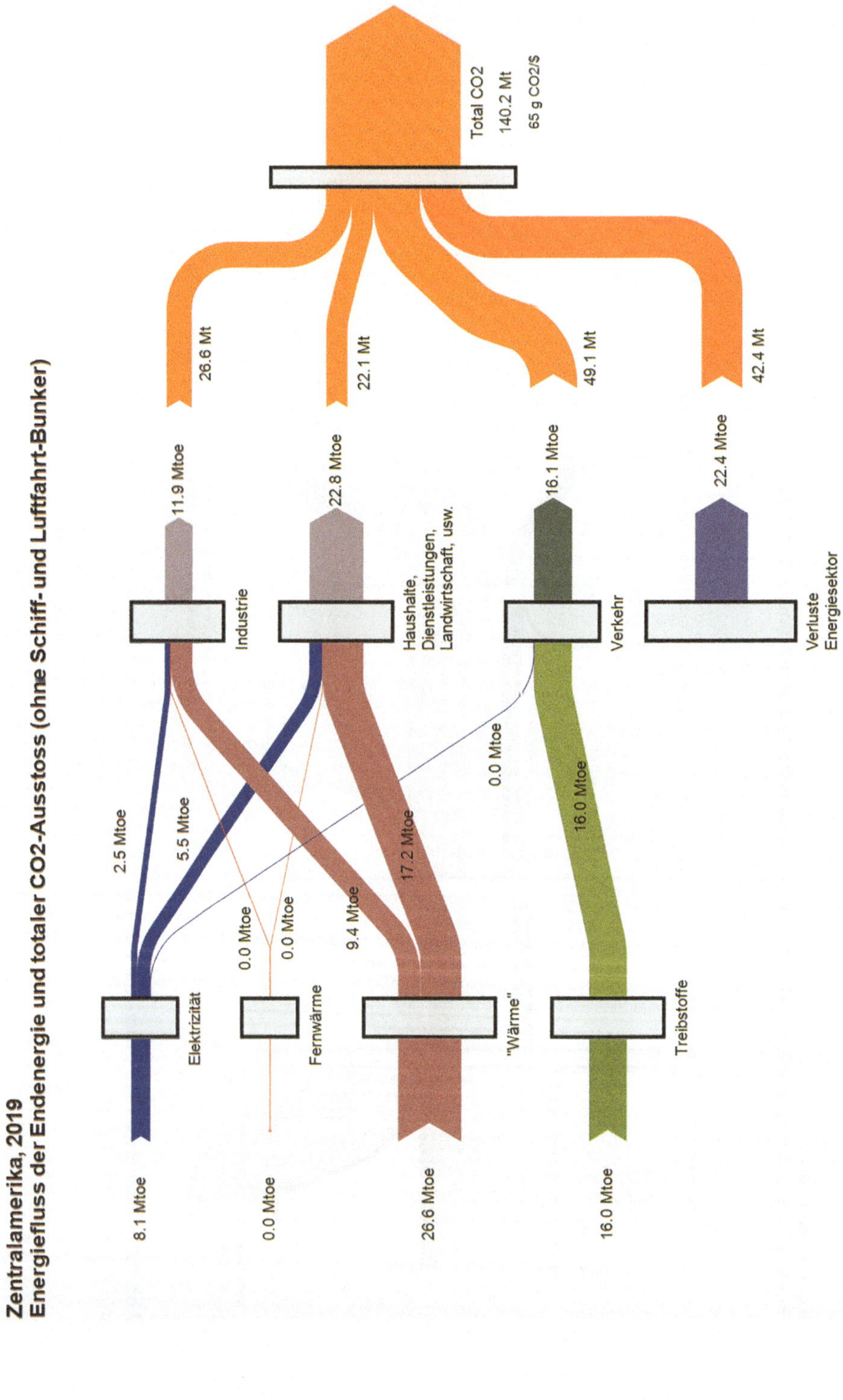

Zentralamerika, 2019
Energiefluss der Endenergie und totaler CO2-Ausstoss (ohne Schiff- und Luftfahrt-Bunker)

Abb. 2.18 Zentralamerika: Energiefluss der Endenergie zu den Endverbrauchern und zugeordnete CO$_2$-Emissionen

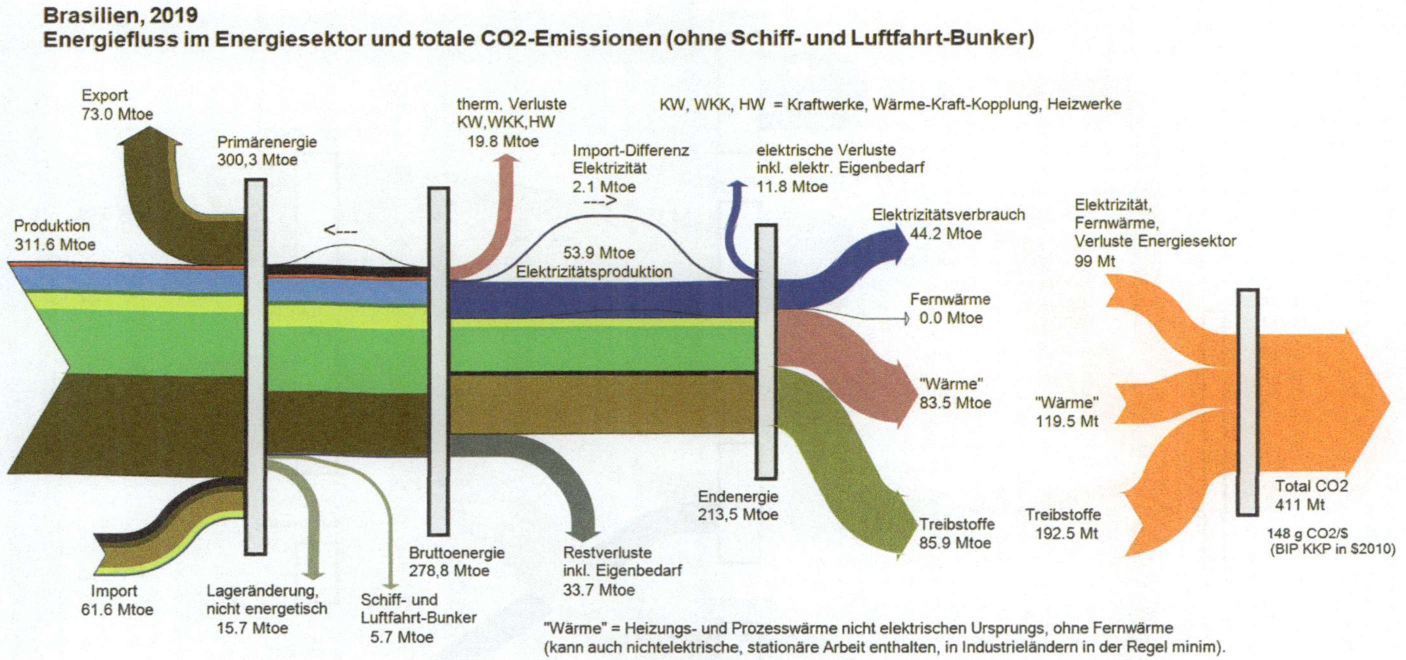

Abb. 2.19 Brasilien: Energiefluss im Energiesektor von der Primärenergie zur Endenergie und CO_2-Ausstoss. Die Energieträgerfarben sind wie in Abb. 2.8 und 2.10 (Erdöl dunkelbraun, Erdölprodukte hellbraun)

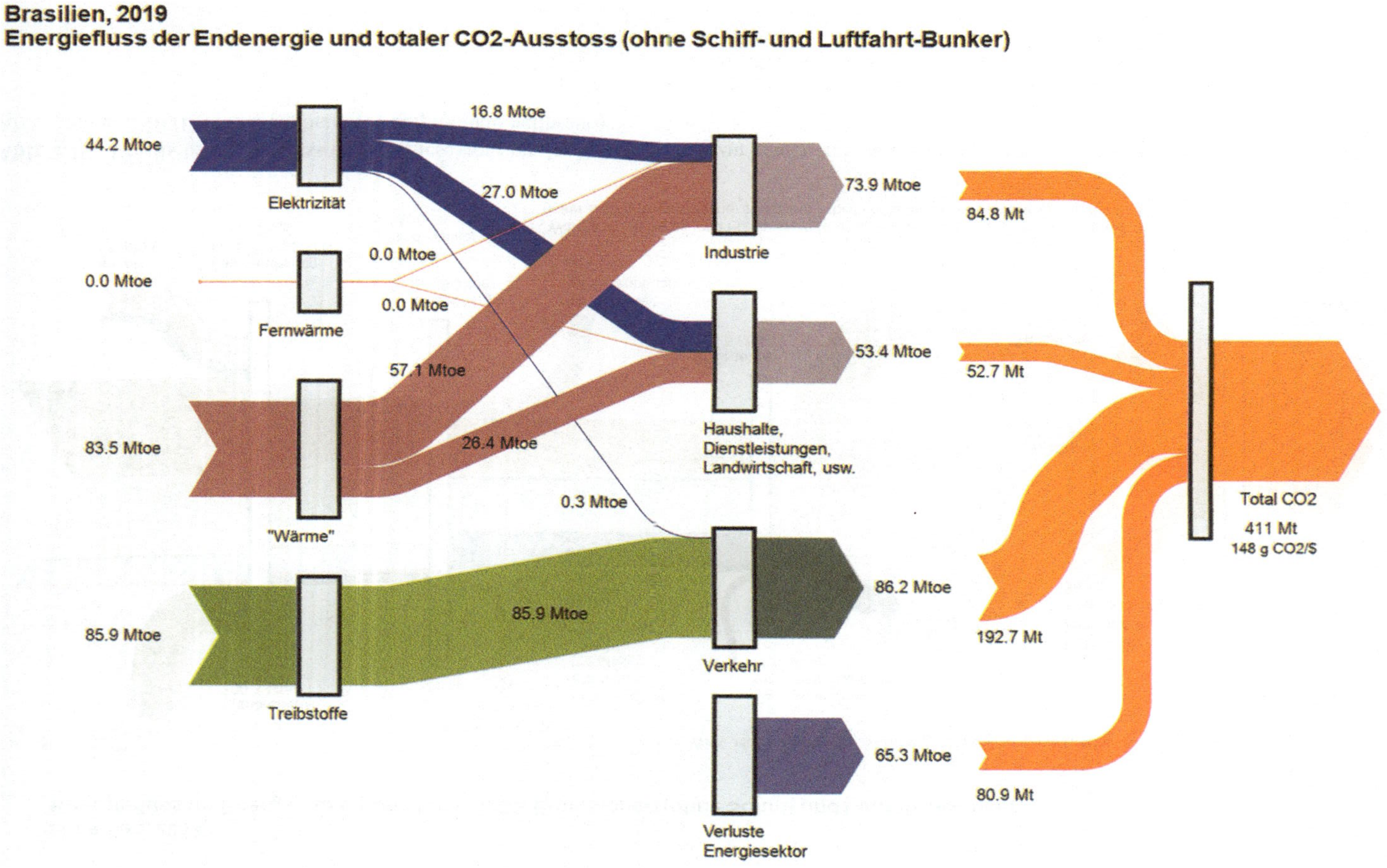

Brasilien, 2019
Energiefluss der Endenergie und totaler CO2-Ausstoss (ohne Schiff- und Luftfahrt-Bunker)

Total CO2
411 Mt
148 g CO2/S

84.8 Mt
52.7 Mt
192.7 Mt
80.9 Mt

73.9 Mtoe
53.4 Mtoe
86.2 Mtoe
65.3 Mtoe

Industrie
Haushalte,
Dienstleistungen,
Landwirtschaft, usw.
Verkehr
Verluste
Energiesektor

16.8 Mtoe
27.0 Mtoe
0.0 Mtoe
0.0 Mtoe
57.1 Mtoe
26.4 Mtoe
0.3 Mtoe
85.9 Mtoe

Elektrizität
Fernwärme
"Wärme"
Treibstoffe

44.2 Mtoe
0.0 Mtoe
83.5 Mtoe
85.9 Mtoe

Abb. 2.20 Brasilien: Energiefluss der Endenergie zu den Endverbrauchern und zugeordnete CO$_2$-Emissionen

2.4.8 Restliches Südamerika

Dasselbe gilt auch für die in den Abb. 2.21 und 2.22 dargestellten Diagramme der Energieflüsse des restlichen Südamerika. Zu den bevölkerungsreichsten und zugleich einen relativ hohen BIP aufweisenden Länder des restlichen Südamerika gehören *Argentinien, Kolumbien und Venezuela* (zusammen 58 % der Bevölkerung). Dazu sind detailliertere Angaben in Kap. 4 zu finden.

2.5 Amerika insgesamt, Indikatoren

Die Tab. 2.2 vergleicht die Indikatoren der drei Regionen und insgesamt. Leichte Fortschritte sind von 2016 bis 2019 zu verzeichnen, aber ungenügend für die Klimaziele (für 2016 siehe 2. Auflage).

Der Indikator g CO_2/$ berücksichtigt die Tatsache, dass die CO_2-Emissonen bei zunehmender Entwicklung der Wirtschaft und damit steigendem Energiebedarf ebenfalls steigen. Eine Entkopplung wird im Rahmen des Fortschritts zu einer nachhaltigen Wirtschaft angestrebt. Der Indikator ergibt sich als Produkt von Energieintensität (abhängig von der Energieeffizienz der Wirtschaft) und CO_2-Intensität der Energie.

Die Werte gewichtiger Länder sind in Tab. 2.3 gegeben. Hauptsünder bezüglich CO_2-Nachhaltigkeit sind *Venezuela, USA und Kanada* (alle > 250 g CO_2/$). Die enorme Verschlechterung in Venezuela ist auf den wirtschaftlichen Niedergang und die entsprechende Abnahme der Energieeffizienz zurückzuführen (s. Kap. 4).

2.6 Energieintensität

Abb. 2.23 zeigt für 2019 die Energieintensität Amerikas. Der mittlere Wert von 1,35 kWh/$ ($ von 2010) ist deutlich höher als jener Westeuropas (0,93 kWh/$). Seit 2000 ist die Energieintensität um 0,35 kWh/$ gesunken. Während *Mittel- und Süd-Amerika* etwa mit Osteuropa (1,05 kWh/$) vergleichbare Werte aufweisen, muss die Energieeffizienz in den *USA* und noch ausgeprägter in *Kanada* (wo sie sich seit 2010 verschlechtert hat) weiterhin stark verbessert werden. Positiv zu vermerken sind immerhin die Fortschritte der USA seit dem Jahr 2000.

Um das 1,5 °C Klimaschutzziel zu erfüllen wäre, für Amerika insgesamt, bis 2030 ein mittlerer Wert von etwa 1,1 kWh/$ anzustreben (für die USA 0,92 kWh/$ und für Kanada 1,4 kWh/$) und bis 2050 sollten insgesamt 0,8 kWh/$ unterschritten werden (s. dazu Kap. 3).

Die Energieintensität von *Mittel-Amerika* ist detaillierter in Abb. 2.24 veranschaulicht. Mit Ausnahme von Jamaica und Guatemala sind Fortschritte seit 2010 zu verzeichnen. Die Tendenz zur Verbesserung (insgesamt etwa 0,15 kWh/$ von 2000 bis 2016) hat sich

Restliches Süd-Amerika, 2019
Energiefluss im Energiesektor und totale CO2-Emissionen (ohne Schiff- und Luftfahrt-Bunker)

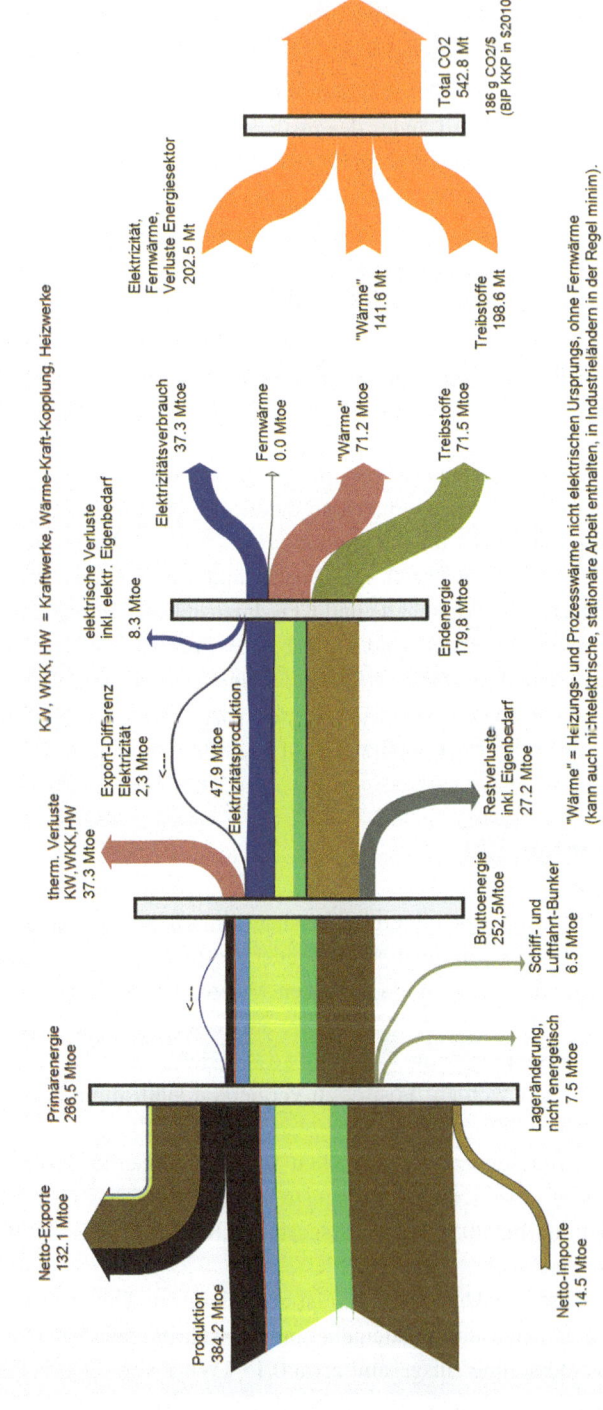

Abb. 2.21 Rest-Süd-Amerika: Energiefluss im Energiesektor von der Primärenergie zur Endenergie und CO₂-Ausstoss. Die Energieträgerfarben sind wie in Abb. 2.8 und 2.10 (Erdöl dunkelbraun, Erdölprodukte hellbraun)

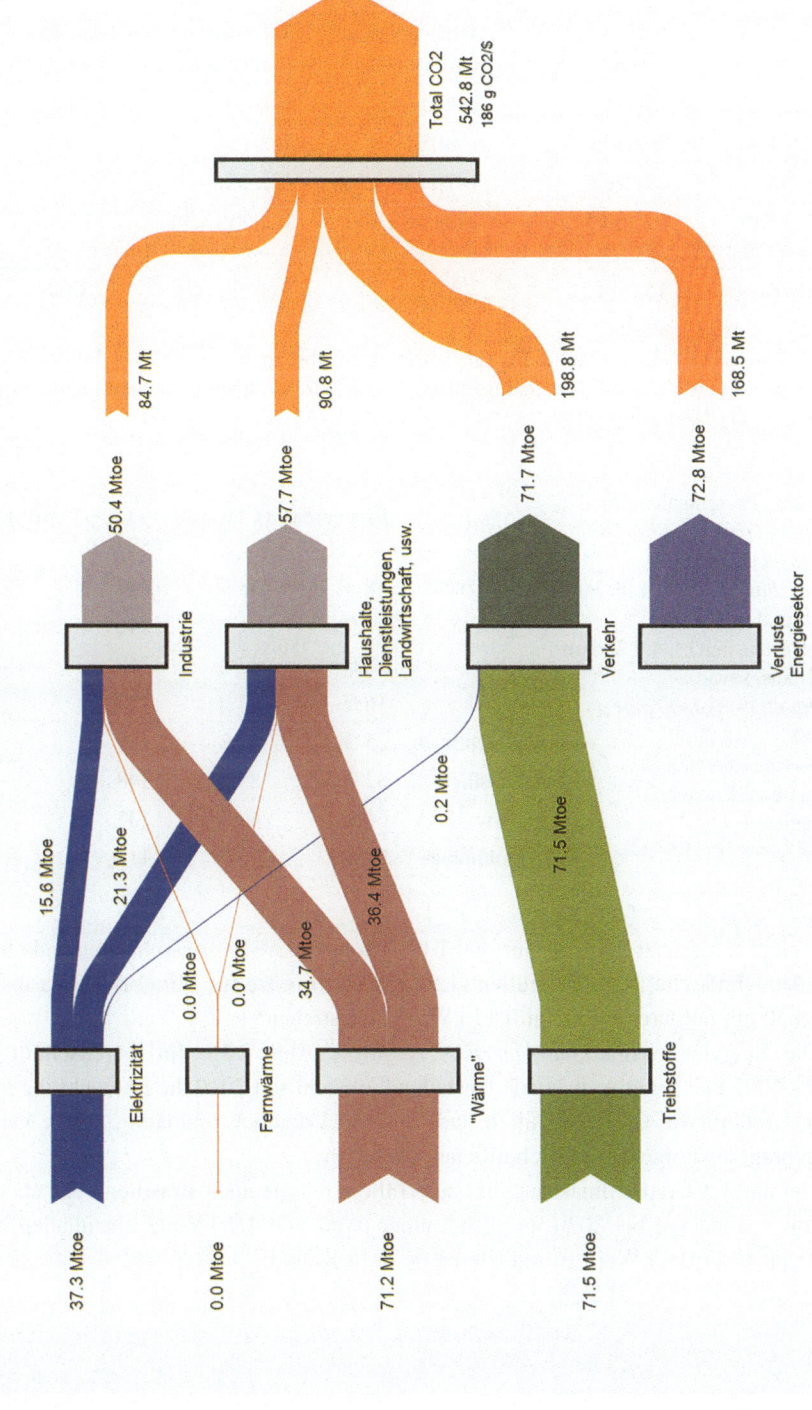

Restliches Süd-Amerika, 2019
Energiefluss der Endenergie und totaler CO2-Ausstoss (ohne Schiff- und Luftfahrt-Bunker)

Abb. 2.22 Restliches Süd-Amerika: Energiefluss der Endenergie zu den Endverbrauchern und zugeordnete CO_2-Emissionen

Tab. 2.2 Vergleich der Indikatoren in 2016/2019 (in $ von 2010)

	USA + Kanada	Mittelamerika (mit Mexiko)	Südamerika (mit Brasilien)	Amerika insgesamt
kWh/$	1,44/1,37	1,00/0,91	1,08/1,09	1,31/1,29
g CO_2/kWh	203/195	198/191	163/154	195/187
g CO_2/$	291/267	197/173	176/168	256/241
BIP (KKP) $ pro Kopf,a	51.600/54.200	14.500/15.100	13.900/13.300	27.700/28.500
t CO_2/Kopf,a	15,0/14,5	2,9/2,1	2,5/2,2	7,1/6.8

kWh/$ = Energieintensität
g CO_2/kWh = CO_2-Intensität der Energie s. Details in Abschn. 4.3
g CO_2/$ = Maßstab für die Nachhaltigkeit der Wirtschaft bezüglich CO_2-Emissionen (kurz: Indikator der CO_2-Nachhaltigkeit)

Tab. 2.3 Prozentualer Anteil der *erneuerbaren und CO_2-armen Elektrizitätsproduktion* im Jahr 2019, in den bevölkerungsreichsten Ländern Amerikas, sowie *Nachhaltigkeits-Indikator g CO_2/$* CO_2-arme Energien = erneuerbare Energien + Kernenergie

	Erneuerbar	CO_2-arm	g CO_2/$ (BIP KKP in $2010)
Venezuela	58 %	58 %	**517**
Kanada	66 %	81 %	**346**
USA	18 %	37 %	**260**
Mexiko	16 %	19 %	**187**
Argentinien	25 %	31 %	**184**
Brasilien	82 %	85 %	**148**
Peru	60 %	60 %	**137**
Kolumbien	70 %	70 %	**114**

aber nicht fortgesetzt und stagniert bei 1 kWh/$, inklusive das ausschlaggebende Mexiko. Um das Klimaschutzziel zu erfüllen (1,5-Grad-Ziel), wäre für Mittel-Amerika insgesamt bis 2030 ein mittlerer Wert von 0,85 kWh/$ anzustreben.

Die Energieintensität *Süd-Amerikas* zeigt die Abb. 2.25. Im Durchschnitt ist sie 1,15 kWh/$ und somit noch zufriedenstellend, obwohl seit 2010 die Entwicklung in wichtigen Ländern wie Chile, Brasilien und Venezuela deutlich rückläufig ist, in Venezuela ausgeprägt als Folge des wirtschaftlichen Einbruchs.

Um das 1,5-Grad-Klimaschutzziel zu erfüllen, müsste auch Brasilien versuchen (trotz negativer Tendenz) bis 2030 möglichst einen Wert von 1,2 kWh/$ einzuhalten und bis 2050 auf unter 0,9 kWh/$ zu reduzieren (s. dazu Kap. 3).

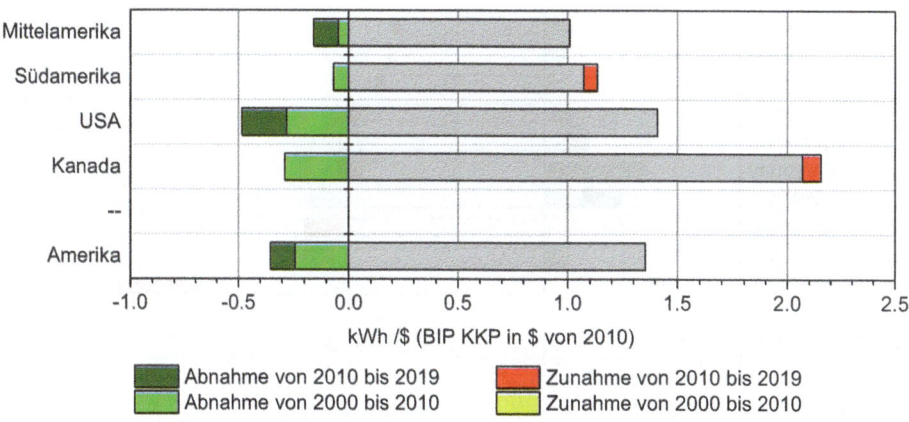

Abb. 2.23 Energieintensität Amerikas in 2016 und Fortschritte seit 2000

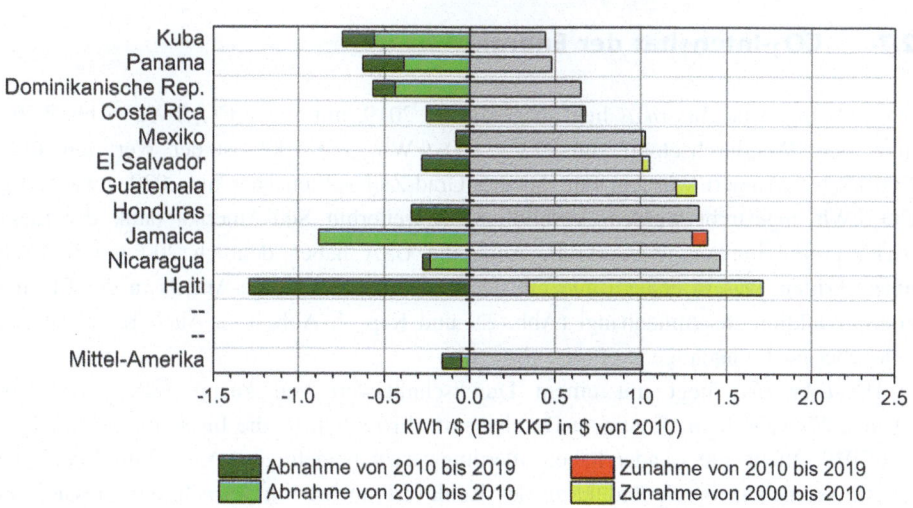

Abb. 2.24 Energieintensität der Länder Mittel-Amerikas in 2019 und Änderungen seit 2000

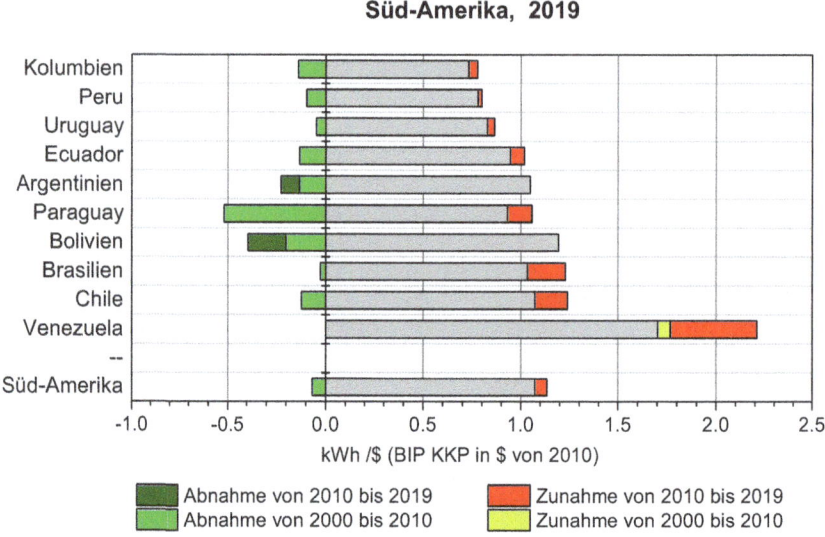

Abb. 2.25 Energieintensität der Länder Südamerikas in 2019 und Änderungen seit 2000

2.7 CO$_2$-Intensität der Energie

Die CO$_2$-Intensität *Amerikas* liegt insgesamt in 2019, mit 175 g CO$_2$/kWh (Abb. 2.26), unter dem Weltdurchschnitt von 213 g CO$_2$/kWh. Seit 2000 ist der Wert um 40 g CO$_2$/kWh verringert worden. Für das 1,5 Grad-Ziel sollten aber bis 2030 etwa 120 g CO$_2$/kWh angestrebt werden. Vorbildlich ist weiterhin Süd-Amerika dank der Elektrizitätsproduktion aus Wasserkraft. Auch die USA haben deutlich 200 g CO$_2$/kWh unterschritten, was in erster Linie mit der Reduktion des Kohle-Anteils in der Elektrizitätsproduktion zusammenhängt (Abb. 2.9 und Kap. 4, Abb. 4.2), Auch Kanada weist gute, aber noch ungenügende Fortschritte auf.

Mittel-Amerika liegt mit einem Durchschnittswert von knapp 180 g CO$_2$/kW (Abb. 2.27) nahe beim Kontinent-Durchschnitt. Erfreulich ist die Inversion der Tendenz seit 2010. Nicht alle Länder haben allerdings dazu beigetragen. Auch Mittel-Amerika müsste versuchen, durch Reduktion des Kohleverbrauchs, mit vermehrtem Einsatz von Gas und erneuerbaren Energien, bis 2030 den Wert auf 150 g CO$_2$/kWh zu reduzieren. Der Beitrag Mexikos ist entscheidend.

Süd-Amerika weist 2019 mit durchschnittlich 150 g CO$_2$/kWh (Abb. 2.28) dank Brasilien eine weltweit gesehen gute CO$_2$-Intensität der Energie auf, was dem starken Einsatz von Wasserkraft zur Elektrizitätsproduktion zu verdanken ist (s. Abb. 2.9). Die Tendenz seit 2010 ist allerdings eher stagnierend. In erster Linie geht es darum, trotz wirtschaftlicher Entwicklung (s. Abb. 2.7), den tiefen Wert nicht nur zu halten, sondern weiter zu

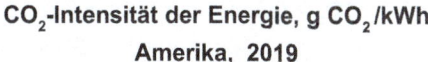

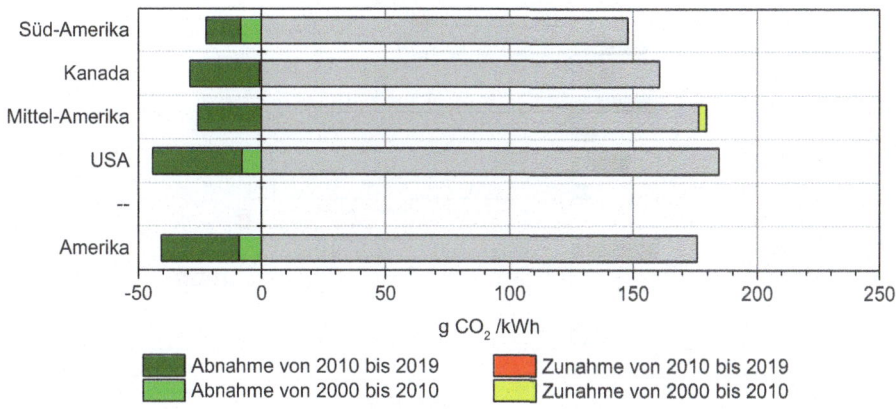

Abb. 2.26 CO$_2$-Intensität der Energie der Regionen Amerikas in 2019 und Änderungen seit 2000

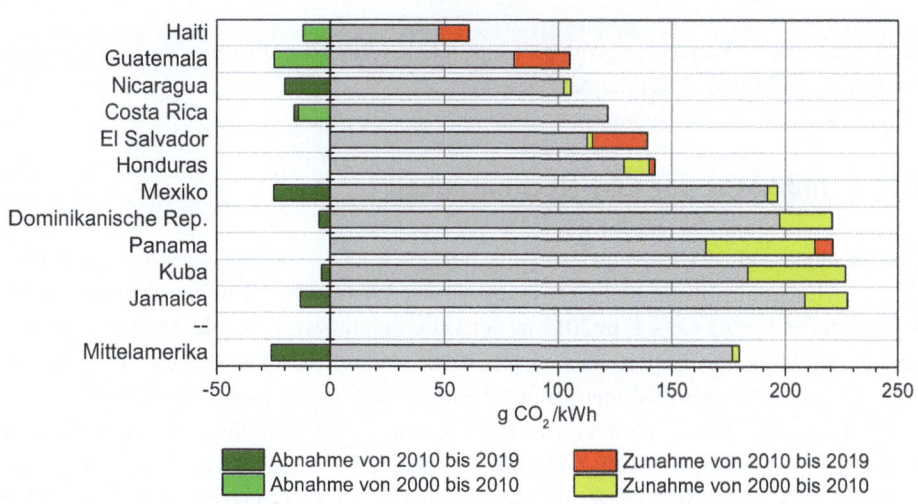

Abb. 2.27 CO$_2$-Intensität der Energie der Länder von Mittel-Amerika in 2019 und Änderungen seit 2000

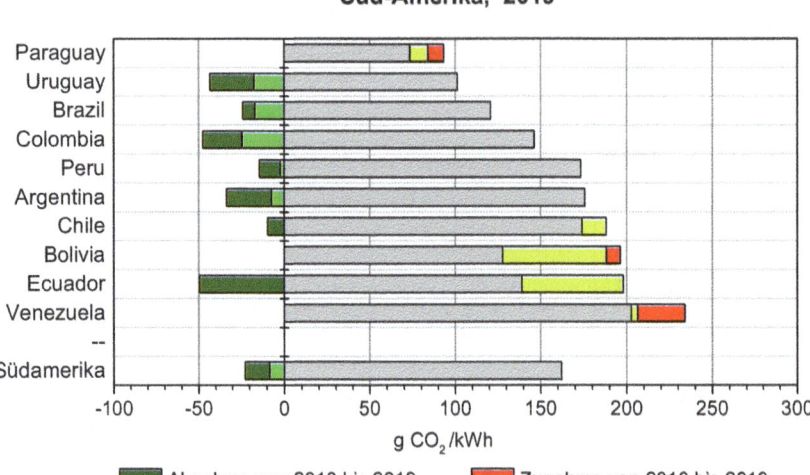

Abb. 2.28 CO_2-Intensität der Energie der Länder von Süd-Amerika in 2019 und Änderungen seit 2000

verbessern: durch Vermeidung von Oel und Kohle, durch Geothermie, durch CO_2-arme Treibstoffe und Elektrifizierung des Verkehrs.

2.8 Indikator der CO_2-Nachhaltigkeit

Die Nachhaltigkeit der Energieversorgung bezüglich CO_2-Ausstoss wird durch das Produkt von Energieintensität und CO_2-Intensität der Energie gut charakterisiert und somit durch den *Indikator g CO_2/$*. In 2019 ist der Durchschnittswert *Amerikas* (Abb. 2.29) insgesamt mit 240 g CO_2/$ (BIP KKP, $ von 2010) wesentlich höher als jener Westeuropas (um 160 g CO_2/$) aber niedriger als der Weltdurchschnitt von rund 290 g CO_2/$.

Die *USA* sind zwar kein Vorzeigeland haben aber seit 2010 den Indikator immerhin um 50 g CO_2/$ auf rund 280 g CO_2/$ reduzieren können. Es ist zu hoffen, dass dieser Trend verstärkt anhält. Für 2030 wären im Rahmen des 1,5-Grad-Klimaziels Werte um 120 g CO_2/$ erstrebenswert, s. dazu Abschn. 3.1. Noch weniger nachhaltig ist die Situation *Kanadas*, wegen schlechter Energieeffizienz (Abb. 2.23) und ungenügender Fortschritte (Abb. 2.26 und 2.29).

Den CO_2-Indikator *Mittel-Amerikas* zeigt Abb. 2.30. Der Wert liegt knapp über 190 g CO_2/$, dank Abnahmen seit 2010 in den meisten Ländern, dies auch im gewichtigen

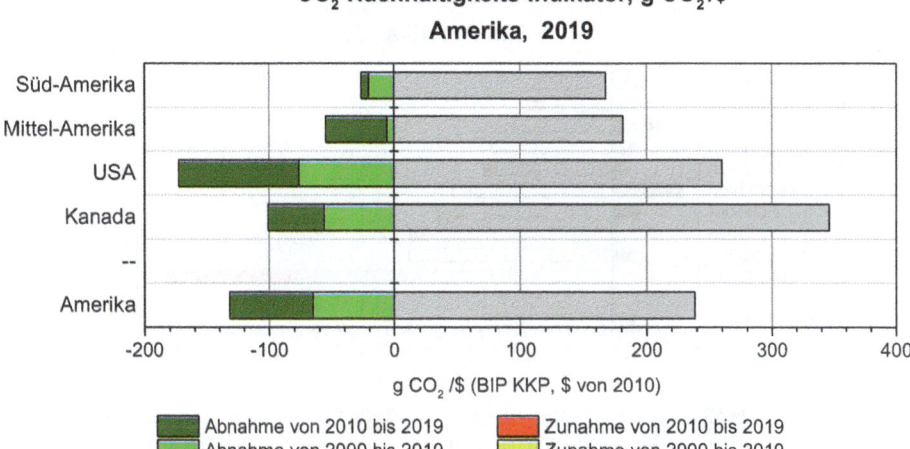

Abb. 2.29 CO₂-Nachhaltigkeits-Indikator der Länder Amerikas in 2019 und Fortschritte seit 2000

Mexiko. Für 2030 sind im Einklang mit dem 1,5-Grad-Klimaziel Werte unter 130 g CO₂/$ anzustreben (Kap. 3, Abb. 3.12 und 3.16).

Südamerika ist weltweit betrachtet, zusammen mit Westeuropa, der nachhaltigste Sub-kontinent. Viele Länder liegen bereits unter der Marke von 200 g CO₂/$ und haben seit 2000 Fortschritte zu verzeichnen (Abb. 2.31). Seit 2010 ist allerdings insgesamt

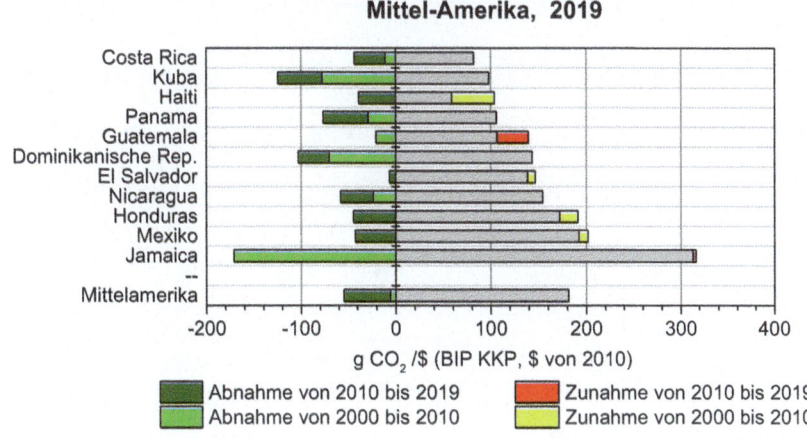

Abb. 2.30 CO₂-Nachhaltigkeits-Indikator der Länder Mittel-Amerikas in 2019 und Änderungen seit 2000

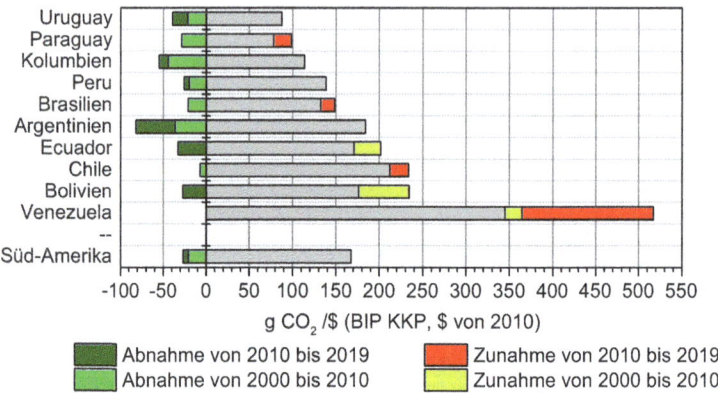

Abb. 2.31 CO_2-Nachhaltigkeits-Indikator der Länder Süd-Amerikas in 2019 und Änderungen seit 2000

nahezu Stagnation eingetreten und in wichtigen Ländern wie Brasilien, und Chile sind gar Rückschritte festzustellen. In Venezuela hat sich die Situation aus wirtschaftlich-politischen Gründen dramatisch verschlechtert mit einer Zunahme von über 200 g CO_2/$ (s. auch Abb. 2.25 und 2.28). Bis 2030 und für das gesamte Süd-Amerika sollten für das 1,5-Grad-Ziel 130 g CO_2/$ deutlich unterschritten werden (Kap. 3, Abb. 3.20 und 3.24).

CO$_2$-Emissionen und Indikatoren bis 2020 und notwendiges Szenario zur Einhaltung des 2-Grad- bzw. 1,5 Grad-Ziels

3

3.1 USA

Ein mit dem 2-Grad- und 1,5-Grad-Ziel kompatibles Szenario bis 2050 für die USA zeigt Abb. 3.1. Die Abnahme in 2020 ist vor allem auf die Corona-Pandemie zurückzuführen. Der entsprechende Verlauf der Indikatoren ist in Abb. 3.2 wiedergegeben. Der Trend der Energieeffizienz (Energieintensität) ist bis 2030 mindestens zu halten, jener der CO$_2$.-Intensität der Energie, vor allem für das 1,5-Grad-Ziel, deutlich zu verbessern.

Entsprechend den Vorgaben der Klimawissenschaft ist vor allem das 1,5-Grad-Ziel anzustreben.

Die dazu notwendigen prozentualen jährlichen Änderungen bis 2030 für die beiden Ziele sind detaillierter in Abb. 3.3 wiedergegeben.

Der zugehörige Verlauf der pro Kopf Indikatoren für das kaufkraftbereinigte Bruttoinlandprodukt, die Bruttoenergie und den CO$_2$-Ausstoss ist schliesslich in Abb. 3.4 dargestellt, für 1980 bis 2020 und entsprechend dem 2-Grad- bzw. 1,5-Grad Szenario. Die deutliche Absenkung der pro Kopf-Werte in 2020 ist nur eine Folge der Pandemie-bedingten Wirtschaftsschwäche. Es lässt sich aber von 2010 bis 2020 leider keine Verbesserung der Trends feststellen, die im Einklang mit den Anforderung des Klimaschutzes wäre, wie auch die Abb. 3.3 deutlich macht.

3.2 Kanada

Ein mit dem 2-Grad- bzw. 1,5-Grad-Ziel kompatibles Szenario bis 2050 für Kanada zeigt Abb. 3.5. Die in den letzten Jahren eher zunehmende Emissions-Tendenz (Ausnahme 2020 wegen der Pandemie) muss gebrochen werden und einer deutlichen und konstanten Minderung Platz machen.

© Springer Fachmedien Wiesbaden GmbH, ein Teil von Springer Nature 2023
V. Crastan, *Kennzahlen zur Erreichung der weltweiten Klimaziele*,
https://doi.org/10.1007/978-3-658-40073-6_3

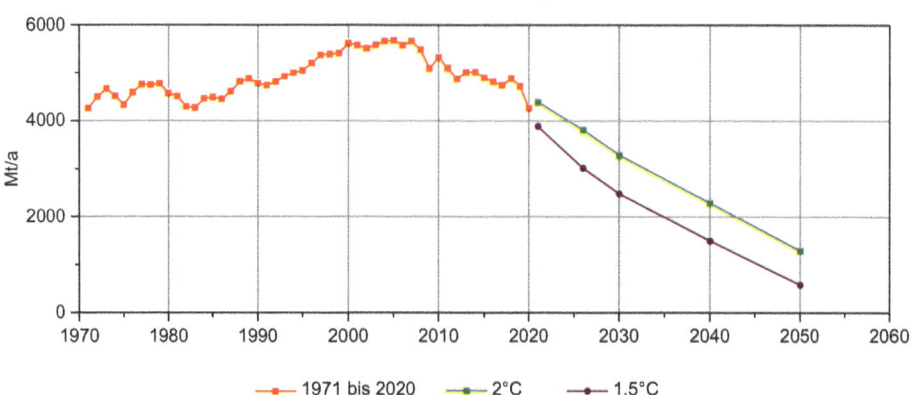

Abb. 3.1 *Emissionen der* Vereinigten Staaten bis 2020 und mit dem 2-Grad- und 1,5-Grad-Ziel kompatible Szenarien bis 2050

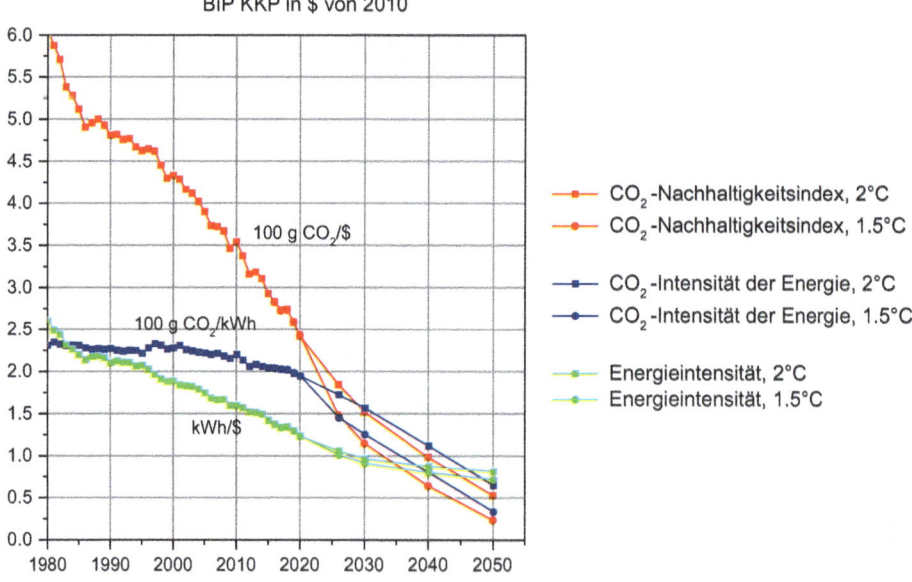

Abb. 3.2 Indikatoren von 1980 bis 2020 und mit dem 2 Grad- bzw. 1,5-Grad-Ziel kompatibler Verlauf bis 2050

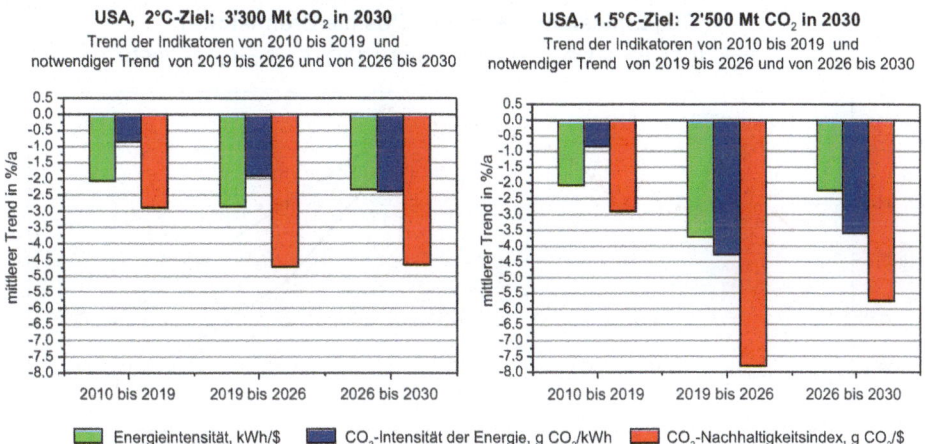

Abb. 3.3 Indikatoren-Trend in %/a von 2010 bis 2019 und notwendige Trendänderung ab 2019 zur Einhaltung des 2-Grad- bzw. 1,5-Grad-Ziels

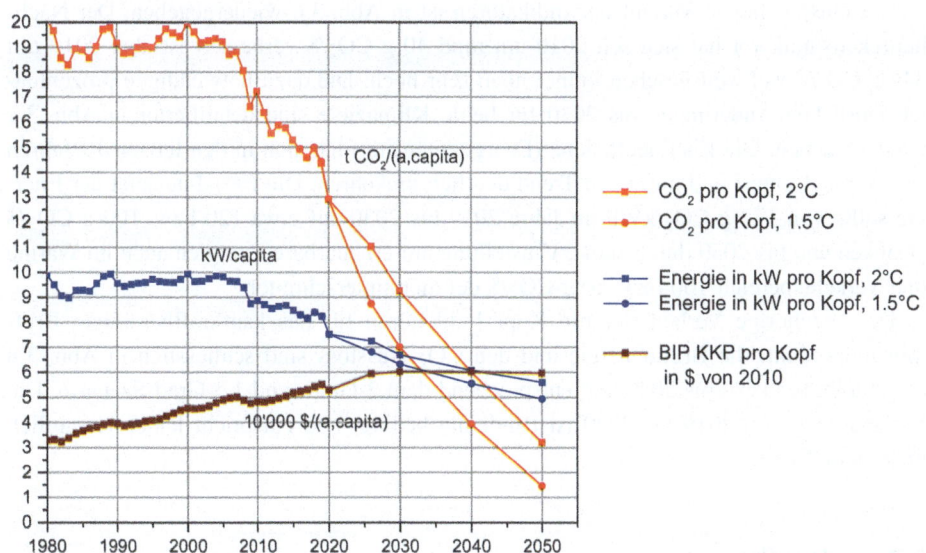

Abb. 3.4 Pro Kopf Indikatoren der USA von 1980 bis 2020 und 2-Grad- bzw. 1,5-Grad Szenario bis 2050

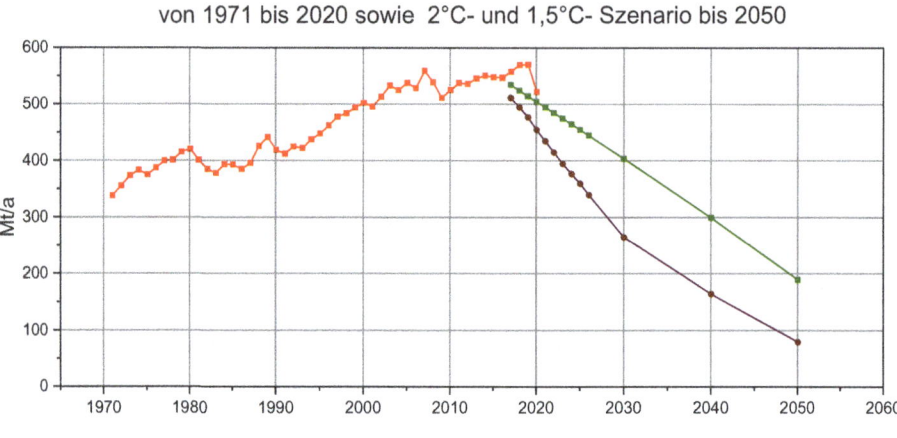

Abb. 3.5 Mit dem 2-Grad- und 1,5-Grad-Ziel kompatible Emissions-Szenarien für Kanada bis 2050

Der entsprechende Verlauf der Indikatoren ist in Abb. 3.6 wiedergegeben. Der Nachhaltigkeitsindikator hat sich seit 2010 um rund 40 g CO_2/$ verbessert ist aber 2019 mit 346 g CO_2/$ weltweit gesehen immer noch sehr hoch. Die dazu notwendigen prozentualen jährlichen Änderungen bis 2030 für beide Klimaziele sind detaillierter in Abb. 3.7 wiedergegeben. Die Energieeffizienz (Energieintensität) hat sich in den letzten 10 Jahren eher verschlechtert und muss den Trend deutlich umkehren. Die CO_2-Intensität der Energie sollte von 172 g CO_2/kWh im Jahre 2019 bis 2030 auf etwa 120 bzw. 100 g CO_2/$ absinken und bis 2050 durch starke Umstellung auf erneuerbare Energien auch im Wärme und Verkehrsbereich 100 bzw. 50 g CO_2/$ deutlich unterschreiten.

Der zugehörige Verlauf der pro Kopf Indikatoren für das kaufkraftbereinigte Bruttoinlandprodukt, die Bruttoenergie und den CO_2-Ausstoss sind schliesslich in Abb. 3.8 dargestellt, für 1980 bis 2020 und entsprechend dem 2-Grad- und 1,5-Grad-Szenario. Die Verbesserung von 2019 bis 2020 ist Pandemie bedingt und entspricht leider vermutlich nicht dem Trend.

3.3   Mexiko

Mit dem 2-Grad- bzw. 1,5-Grad-Ziel kompatible Szenarien bis 2050 für Mexiko, für die Energiewirtschaft wichtigstes Land von Mittelamerika, sind in Abb. 3.9 dargestellt. In den letzten Jahren ist eine Abnahme der Emissionen festzustellen. Der entsprechende Verlauf der Indikatoren ist in Abb. 3.10 wiedergegeben. Die Tendenz des

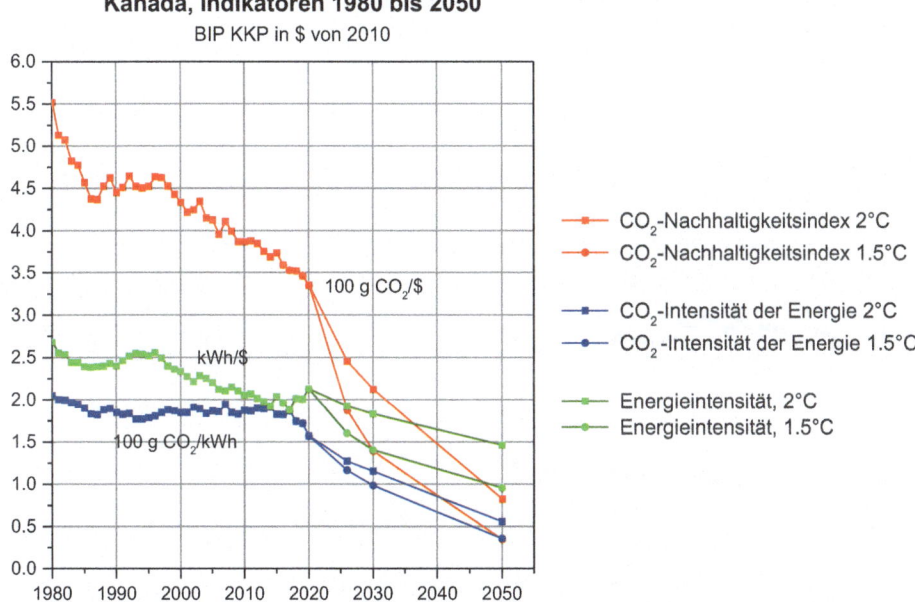

Abb. 3.6 Indikatoren von 1980 bis 2020 und mit dem 2-Grad bzw. 1,5-Grad-Ziel kompatibler Verlauf bis 2050

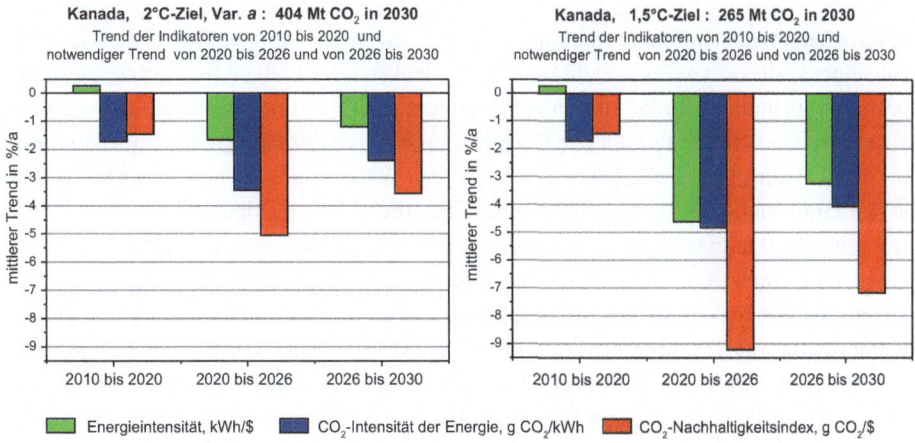

Abb. 3.7 Indikatoren-Trend in %/a von 2010 bis 2020 und notwendige Trendänderung ab 2020 zur Einhaltung des 2-Grad- bzw. 1,5-Grad-Ziels

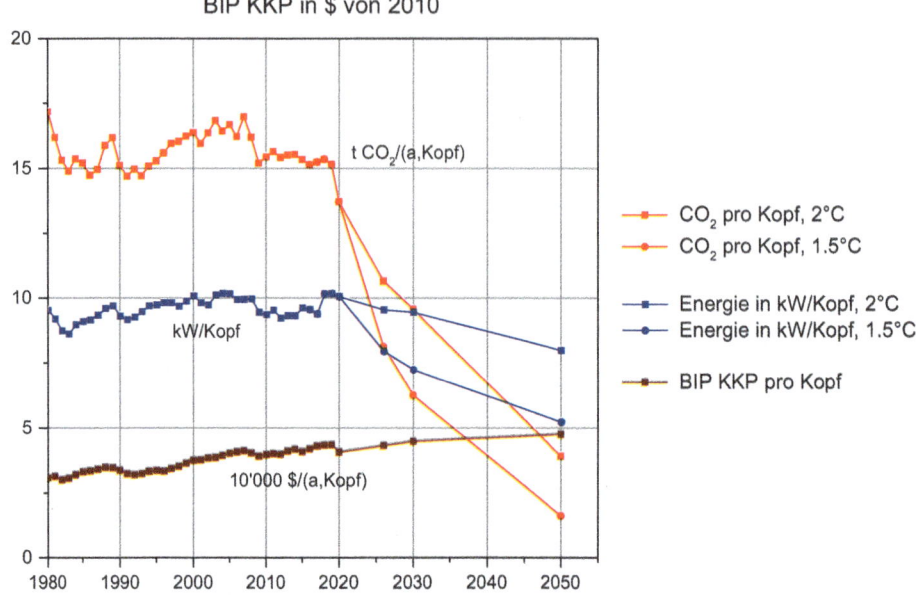

Abb. 3.8 Pro Kopf Indikatoren Kanadas von 1980 bis 2020 sowie 2-Grad- und 1,5-Grad-Szenario bis 2050

CO₂-Nachhaltigkeitsindikators konnte seit 2011 invertiert werden, wobei dies in erster Linie einer verbesserten Energieeffizienz zu verdanken ist, vor allem im Energiesektor. Bis 2030 wäre weiterhin eine Reduktion der Energieintensität anzustreben aber, und vor allem danach, jene der CO₂-Intensität der Energie, durch starke Förderung CO₂-armer Energien mit Zielwert für 2050 deutlich unter 100 g CO₂/kWh oder sogar bei 25 g CO₂/kWh für das 1,5-Grad-Ziel. Die Geothermie könnte wesentliche Beiträge leisten.

Die bis 2030 notwendigen prozentualen jährlichen Änderungen der Indikatoren für die beiden Temperaturziele sind detaillierter in Abb. 3.11 wiedergegeben.

Der zugehörige Verlauf der pro Kopf Indikatoren für das kaufkraftbereinigte Bruttoinlandprodukt, die Bruttoenergie und den CO₂-Ausstoss sind schliesslich in Abb. 3.12 dargestellt, für 1980 bis 2020 und entsprechend dem 2-Grad bzw. 1,5-Grad Szenario. Die tiefen Werte in 2020 sind Folge der Pandemie. Mexiko hat dennoch bei zielbewusster Anstrengung alle Voraussetzungen, um als Beispiel für die Realisierung der 2000 W-Gesellschaft in die Geschichte einzugehen.

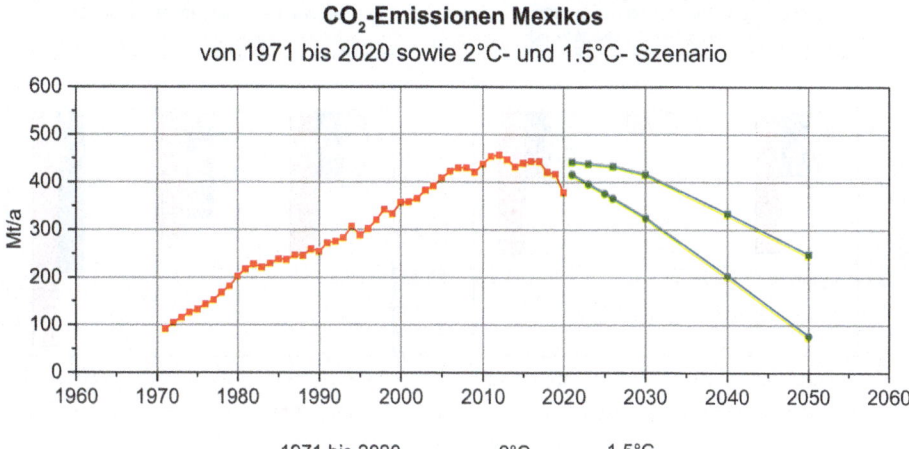

Abb. 3.9 Mit dem 2-Grad- und 1,5-Grad-Ziel kompatible Szenarien für Mexiko bis 2050

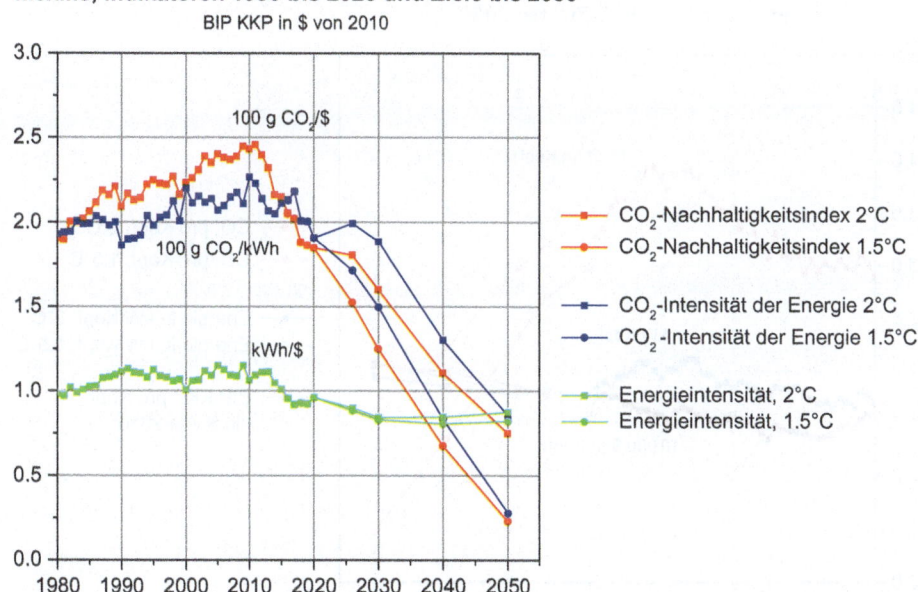

Abb. 3.10 Indikatoren-Verlauf von 1980 bis 2020 und entsprechend den 2-Grad- und 1,5-Grad-Zielen bis 2050

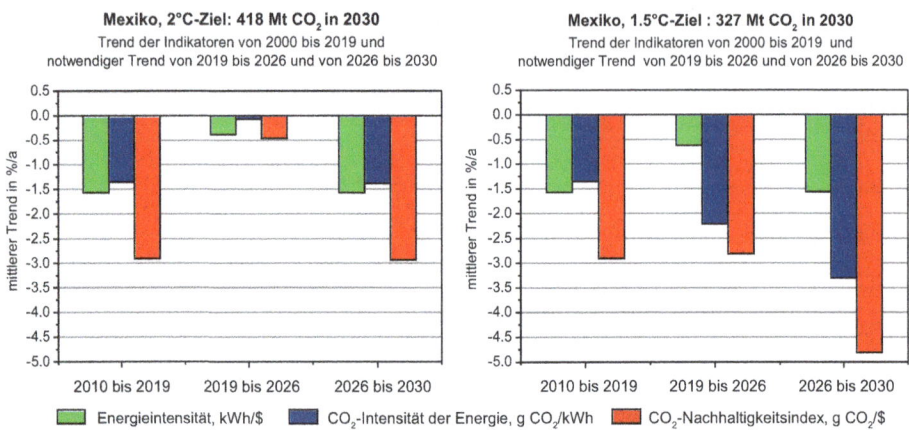

Abb. 3.11 Indikatoren-Trend in %/a von 2000 bis 2019 und für Mexiko notwendige Trendänderung ab 2019 zur Einhaltung des 2-Grad- bzw. 1,5-Grad-Ziels

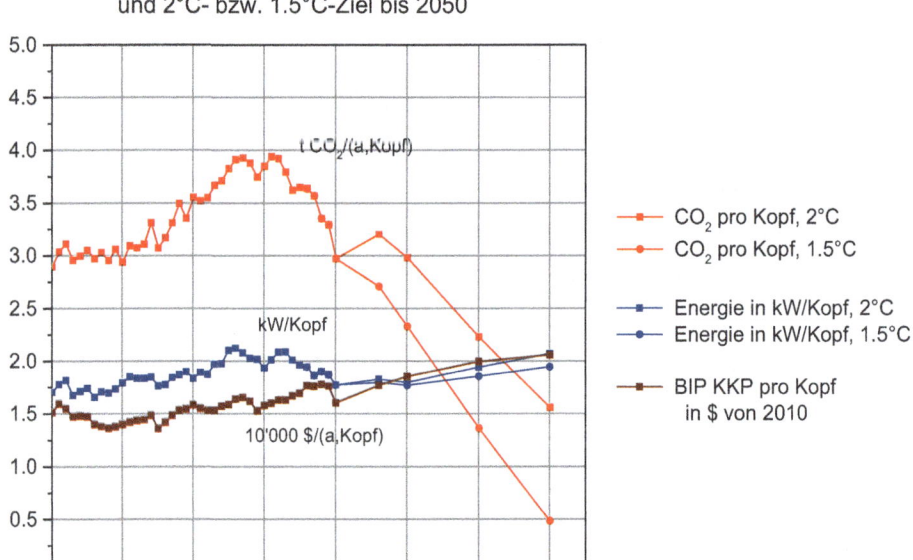

Abb. 3.12 Pro Kopf Indikatoren Mexikos von 1980 bis 2020 und entsprechend den Klimazielen bis 2050

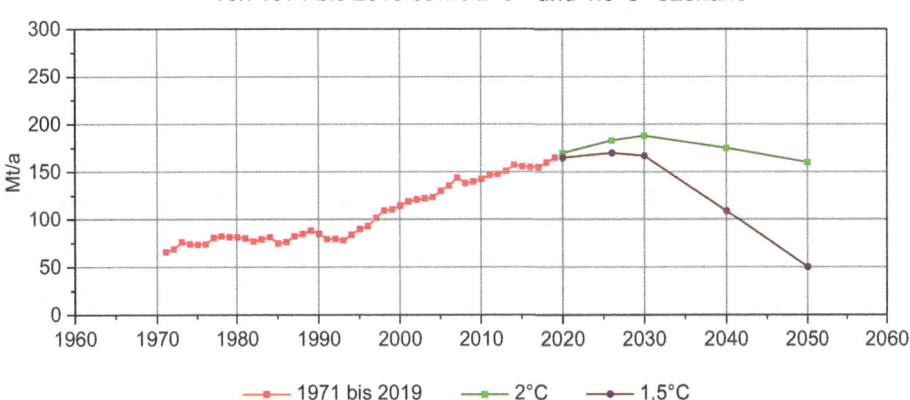

Abb. 3.13 Mit dem 2-Grad- und 1,5-Grad-Ziel kompatible Szenarien für Zentralamerika

3.4 Restliches Mittelamerika (Zentralamerika)

Mit dem 2-Grad- und 1,5-Grad-Ziel kompatible Szenarien bis 2050 für das restliche Mittelamerika sind in Abb. 3.13 dargestellt. Der entsprechende Verlauf der Indikatoren ist in Abb. 3.14 wiedergegeben. Die seit 2010 deutliche Verbesserung des CO_2-Nachhaltigkeitsindikators, vor allem dank Verbesserung der Energieintensität, soll weitergeführt werden. Eine Trendwende sollte, vor allem für das 1,5-Grad-Ziel, auch für die CO_2-Intensität der Energie erfolgen, durch starke Förderung CO_2-armer Energien, mit Zielwert unter 100 bzw. unter 30 g CO_2/$ für 2050.

Die bis 2030 notwendigen prozentualen jährlichen Änderungen der Indikatoren für die beiden Klimaziele sind detaillierter in Abb. 3.15 wiedergegeben.

Der zugehörige Verlauf der pro Kopf Indikatoren für das kaufkraftbereinigte Brutto-inlandprodukt, die Bruttoenergie und den CO_2-Ausstoss sind schliesslich in Abb. 3.16 dargestellt, für 1980 bis 2016 und entsprechend dem 2-Grad- und 1,5-Grad-Szenario.

3.5 Brasilien

Ein mit dem 2-Grad- und 1,5-Grad-Ziel kompatibles Szenario bis 2050 für Brasilien, ener-giewirtschaftlich gesehen wichtigstes Land Südamerikas, ist in Abb. 3.17 dargestellt. Der entsprechende Verlauf der Indikatoren ist in Abb. 3.18 wiedergegeben. Obwohl Brasilien im weltweiten Vergleich bezüglich CO_2-Ausstoss eher als nachhaltig betrachtet werden kann, weisen die Emissionen seit 2010 eine hohe Volatilität auf. Der Nachhaltigkeits-sindikator, der 2009 auf nahezu 120 g CO_2/$ gesunken war, ist auf über 160 g CO_2/$

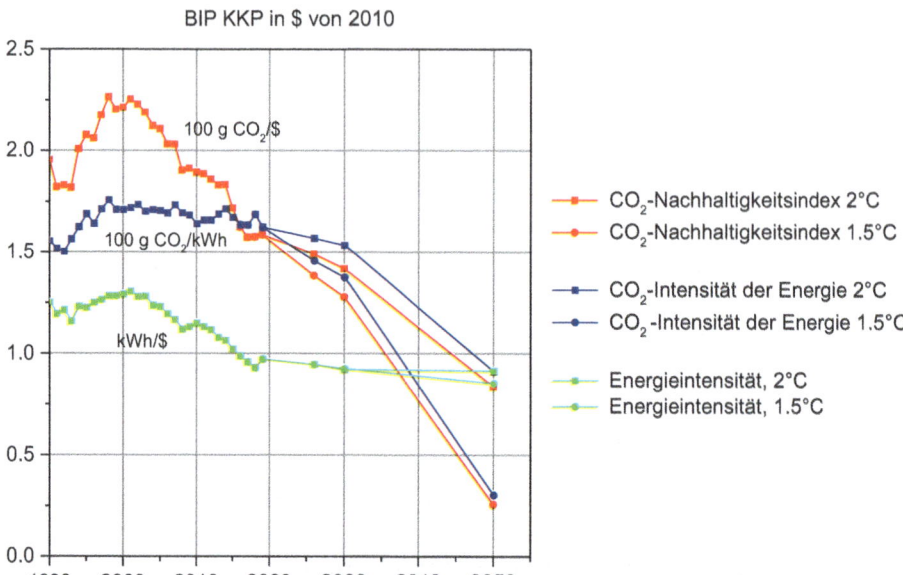

Abb. 3.14 Indikatoren-Verlauf von 1990 bis 2019 und mit den Klimazielen kompatibler Verlauf bis 2050

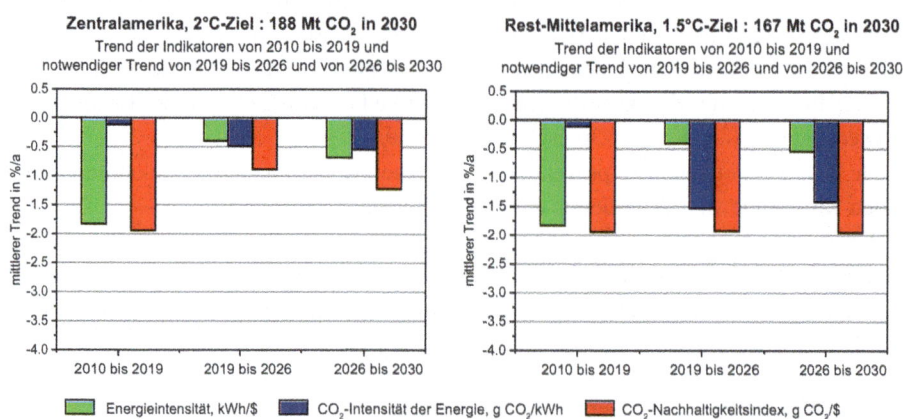

Abb. 3.15 Indikatoren-Trend in %/a von 2010 bis 2019 und für Zentralamerika notwendige Trends ab 2019 zur Einhaltung des 2-Grad- bzw. 1,5-Grad-Ziels

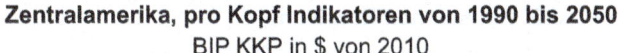

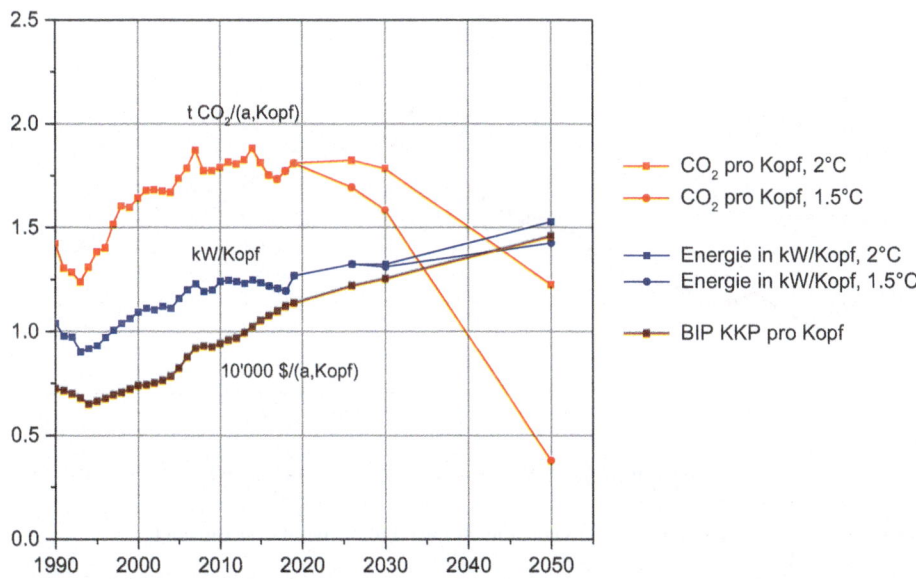

Abb. 3.16 Pro Kopf Indikatoren von Zentralamerika von 1990 bis 2019 und 2-Grad- sowie 1,5-Grad-Szenario bis 2050

geklettert um dann bis 2020 etwa 145 g CO_2/$ zu erreichen. Eine Reduktion auf Werte nahe 120 g CO_2/$ bis 2030 ist zum Erreichen der Klimaziele notwendig. Die tendenzielle Verschlechterung der Energieeffizienz (höhere Energieintensität) seit 2010, vermutlich als Folge des BIP Einbruchs, wird durch die Corona-Pandemie noch verstärkt und nur wenig durch eine leichte Verbesserung der CO_2-Intensität der Energie kompensiert.

Siehe dazu auch die Abb. 3.19, welche die vergangenen prozentualen jährlichen Änderungen der Indikatoren, und die für das 2-Grad- und 1,5-Grad-Ziel bis 2030 notwendigen, detailliert wiedergibt. Eine Tendenzänderung ist spätestens ab 2020 für die Energieintensität, aber vor allem für das 1,5-Grad-Ziel auch für die CO_2-Intensität der Energie, unerlässlich.

Der zugehörige Verlauf der pro Kopf Indikatoren für das kaufkraftbereinigte Bruttoinlandprodukt, die Bruttoenergie und den CO_2-Ausstoss sind schliesslich in Abb. 3.20 dargestellt, für 1980 bis 2020 und entsprechend den beiden Klima-Szenarien. Der BIP-Wert für 2026 entspricht den Voraussagen des Internationalen Währungsfonds.

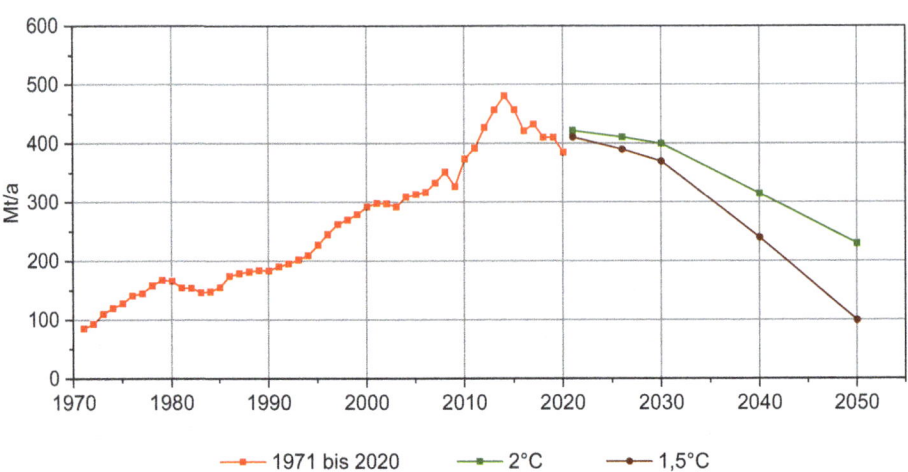

Abb. 3.17 Mit dem 2-Grad- und 1,5-Grad-Ziel kompatible Szenarien für Brasilien

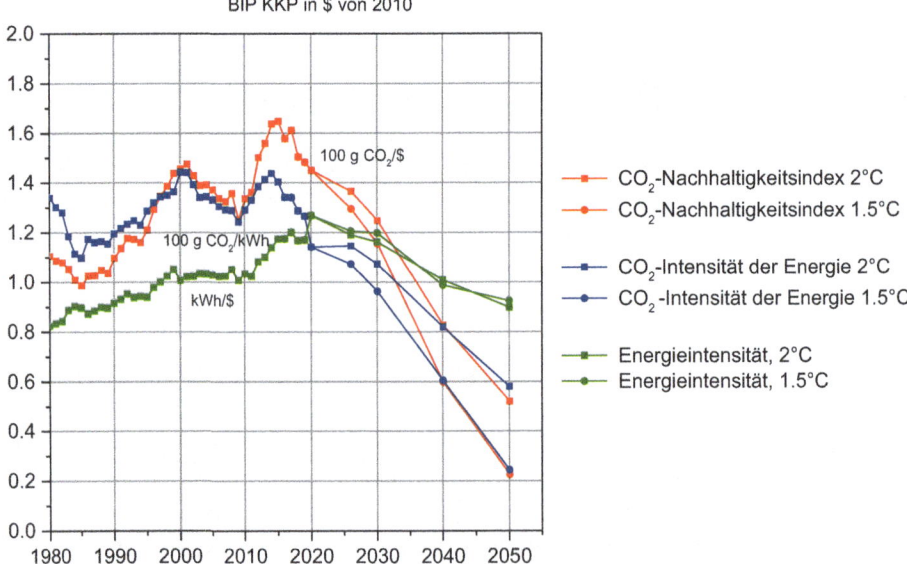

Abb. 3.18 Indikatoren von 1980 bis 2020 und mit dem 2-Grad- bzw. 1,5-Grad-Ziel kompatibler Verlauf bis 2050

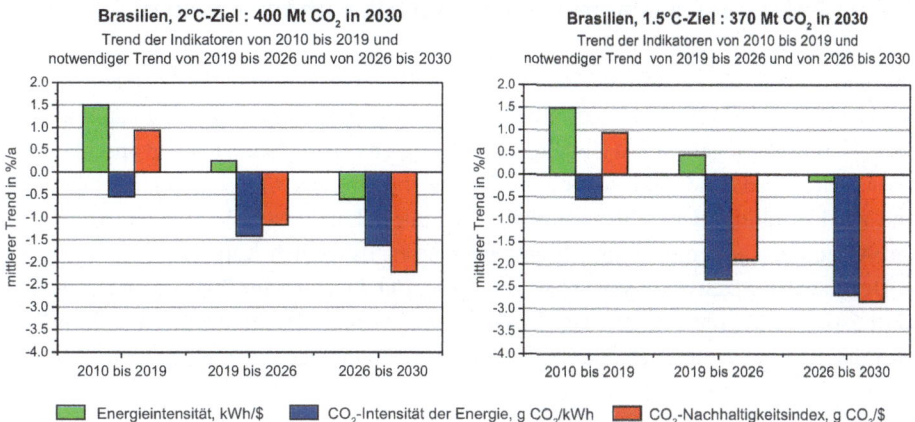

Abb. 3.19 Indikatoren-Trend in %/a von 2000 bis 2019 und für Brasilien notwendige Trendänderung ab 2019 zur Einhaltung des 2-Grad- bzw. 1,5-Grad-Ziels

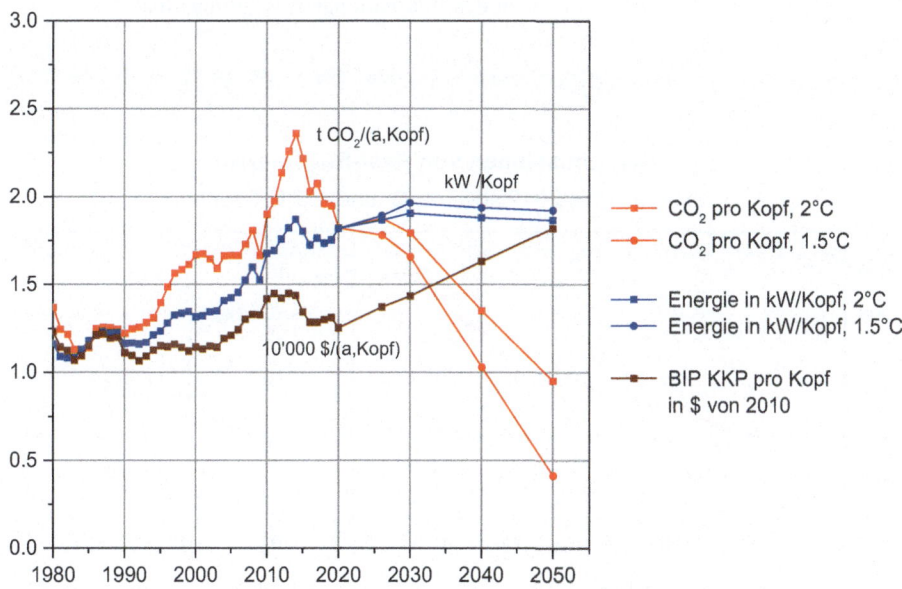

Abb. 3.20 Pro Kopf Indikatoren Brasiliens von 1980 bis 2020 und 2-Grad- und 1,5-Grad- Szenario bis 2050

3.6   Restliches Südamerika (Südamerika ohne Brasilien)

Mit dem 2-Grad- und 1,5-Grad Ziel kompatible Szenarien bis 2050 für das restliche Süd-
amerika sind in Abb. 3.21 dargestellt. Der entsprechende Verlauf der Indikatoren ist in
Abb. 3.22 wiedergegeben. Die Beibehaltung der guten Energieintensität und anschliessend
deren weitere Verminderung sowie eine Trendwende bei der CO$_2$-Intensität der Energie,
sind zur Einhaltung der Ziele notwendig. Vor allem Länder wie Venezuela, Kolumbien
und Argentinien sind diesbezüglich entscheidend (s. dazu auch Kap. 4).

Der Nachhaltigkeitsindikator, heute um 200 g CO$_2$/$, sollte bis 2030 die 160 bzw. (für
das 1,5-Grad-Ziel) die 140 g CO$_2$/$-Marke unterschreiten. Bis 2050 wäre eine Reduktion
auf rund 70 bzw. weniger als 30 g CO$_2$/$ zur Erreichung der Ziele notwendig.

Die bis 2030 notwendigen prozentualen jährlichen Änderungen der Indikatoren für die
beiden Klimaziele sind detaillierter in Abb. 3.23 wiedergegeben. Eine starke Tendenzänderung ist vor allem für die CO$_2$-Intensität der Energie zur Erreichung des 1,5-Grad-Ziels
wesentlich.

Der zugehörige Verlauf der pro Kopf Indikatoren für das kaufkraftbereinigte Bruttoinlandprodukt, die Bruttoenergie und den CO$_2$-Ausstoss sind schliesslich in Abb. 3.24
dargestellt, für 1980 bis 2019 und entsprechend den beiden Klimaschutz-Szenarien. Das
BIP für 2026 entspricht den Voraussagen des Internationalen Währungsfonds.

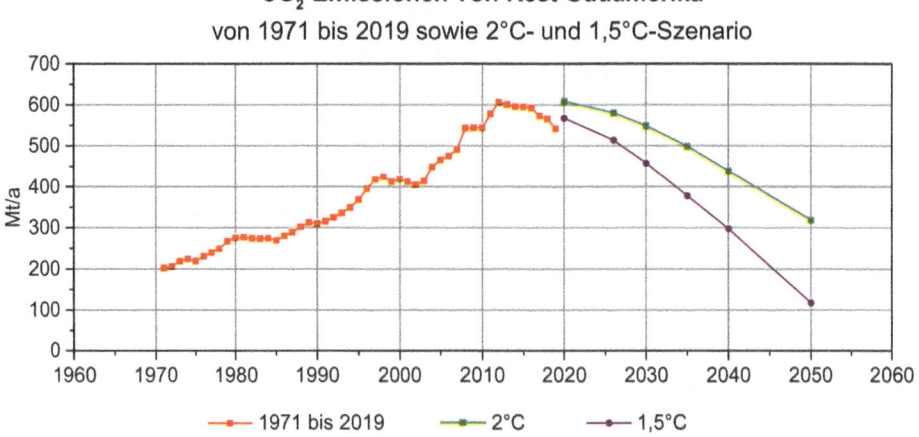

Abb. 3.21 Mit dem 2-Grad- und 1,5-Grad-Ziel kompatible Szenarien für das restliche Südamerika

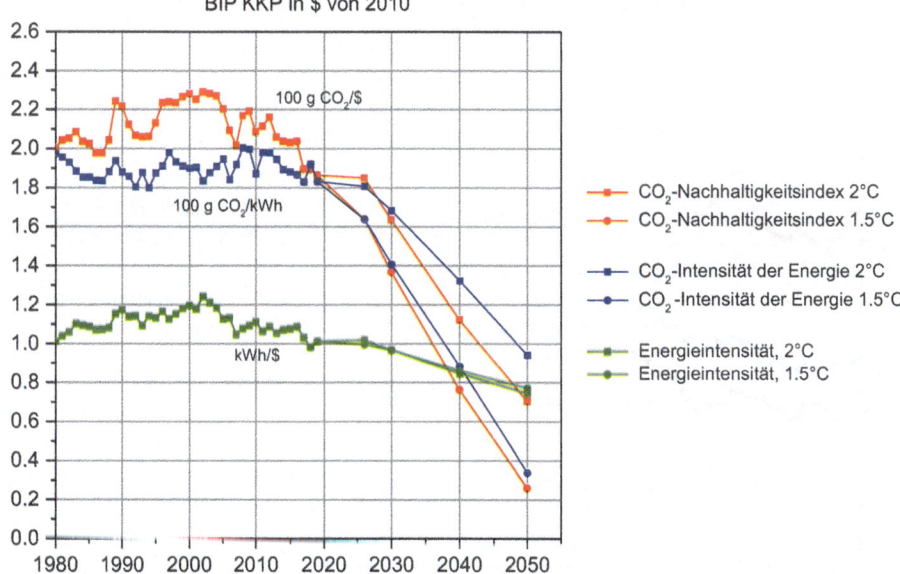

Abb. 3.22 Indikatoren von 1980 bis 2019 und mit beiden Klimazielen kompatibler Verlauf bis 2050

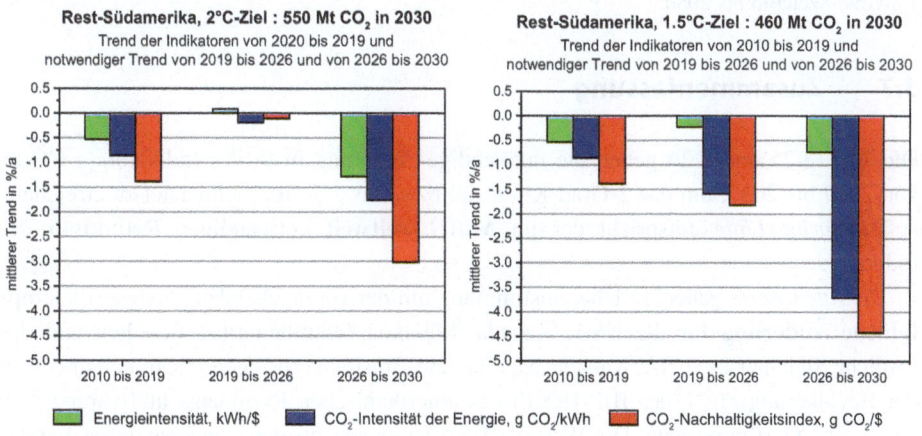

Abb. 3.23 Indikatoren-Trend in %/a von 2010 bis 2019 und für das restliche Südamerika notwendige Trendänderungen ab 2019 zur Einhaltung des 2-Grad- bzw. 1,5-Grad-Ziels

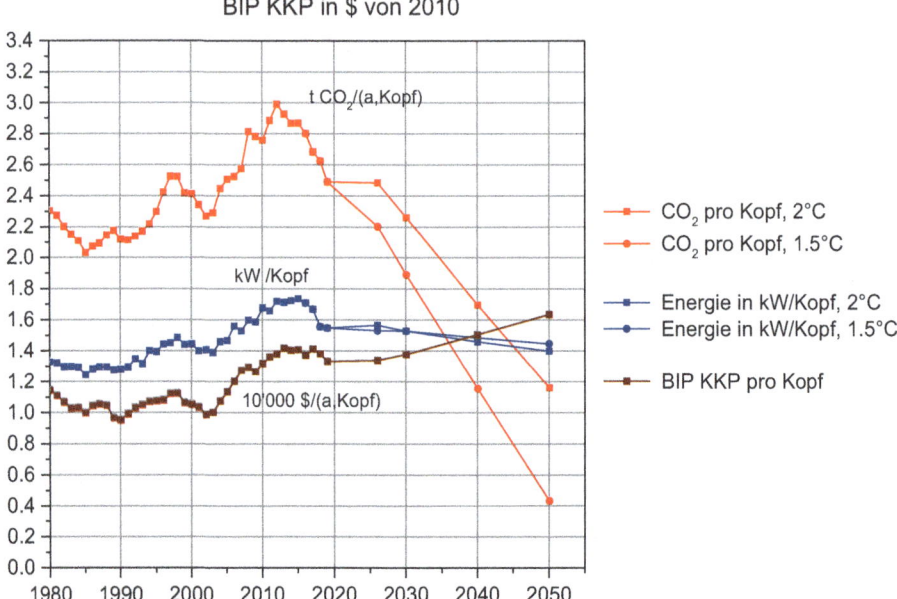

Abb. 3.24 Pro Kopf Indikatoren des restlichen Südamerikas von 1980 bis 2019 sowie 2-Grad und 1,5-Grad Szenario bis 2050

3.7   Zusammenfassung

Die Abb. 3.25 und 3.26 geben die notwendige Änderung in % des Indikators g CO$_2$/$ von 2019 bis 2030, um das 2-Grad-Klimaziel bzw. das 1,5-Grad-Klimaziel zu erreichen.

Die *grüne Linie* entspricht der im **Mittel weltweit notwendigen Reduktion** des Indikators.

Die *roten Werte* geben, in Übereinstimmung mit der vorangehenden Analyse, die **empfohlene Änderung** für die USA, Kanada, Mexiko, Zentralamerika, Brasilien und das restliche Südamerika. USA, Kanada, Mexiko und Brasilien erbringen zusammen mit 70 % der Bevölkerung 86 % des BIP (KKP) des amerikanischen Kontinents und verursachen 89 % der CO$_2$-Emissionen. Der Wert der USA ist angesichts des Gewichts dieses Landes besonders zentral und es müsste alles getan werden, trotz erfolgter Bremsung durch die Trump-Administration, um die entsprechende Reduktion der CO$_2$-Emissionen mindestens einzuhalten.

Die Marge relativ zum weltweiten Mittel ist ein Bonus für die Entwicklungs- und Schwellenländer. Sie wird ermöglicht und kompensiert durch die stärkere Anstrengung der stark industrialisierten Länder. Kanada wird ebenfalls etwas geschont angesichts des starken Rückstands.

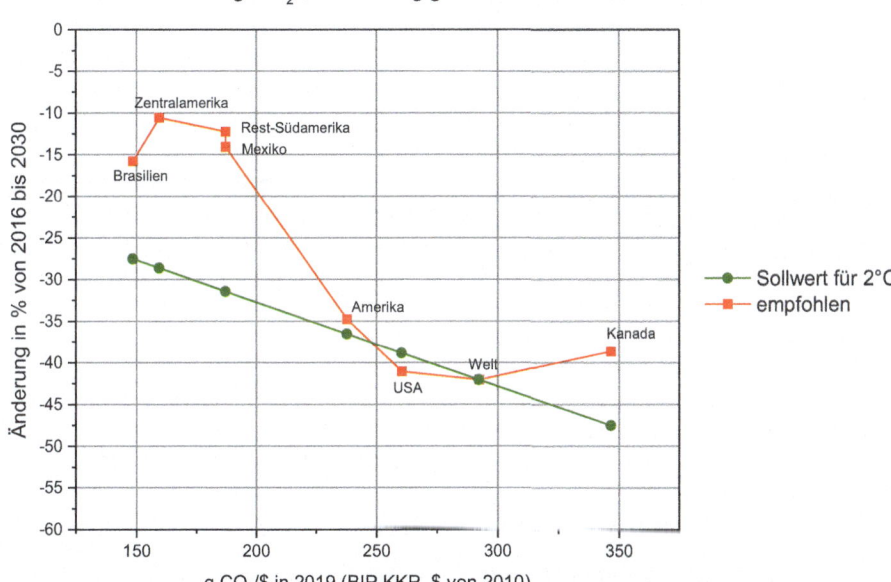

Amerika 2°C-Klimaziel: notwendige Änderung in % bis 2030
des Indikators g CO_2/$ in Abhängigkeit des Werts in 2019

Abb. 3.25 Notwendige Änderung des Indikators g CO_2/$, um das 2-Grad-Klimaziel zu erreichen

Schlussbemerkungen

Ein sanftes Erreichen des 1,5-Grad-Ziels ist im diesem Kapitel detailliert besprochen worden.

Ziele unter 2 °C sind ausgehend von der 2-Grad-Ziel-Kurve mit verstärkten Anstrengungen ab 2030 möglich, sogar das 1,5-Grad-Ziel, falls es dann gelingt bis 2050 die CO_2-Emissionen zu annullieren (siehe Einleitung Kap. 1).

Die rasche und starke Verbesserung der CO_2-Nachhaltigkeit zur Gewährleistung der Klima-Ziele (möglichst 1,5 °C) erfordert:

- Bei **Heizwärme- und Kühlung:** bessere *Gebäudeisolation,* Ersatz von Ölheizungen durch Gasheizungen und vor allem durch *Wärmepumpenheizungen,* sowie durch möglichst CO_2-frei erzeugte Fernwärme und Solar-Warmwasser; Kühlung mit Erdsonden und CO_2-arm erzeugte Elektrizität. Tiefenerdwärme kann in vielen Ländern eine wichtige Rolle spielen.
- Bei **Prozesswärme:** Ersatz fossiler Energieträger soweit möglich durch CO_2-arm erzeugte Elektrizität und Solarwärme.
- Im **Verkehr:** effizientere Motoren und fortschreitende Elektrifizierung: Bahnverkehr, Elektro- und Hybridfahrzeuge für den Privat- und Warenverkehr. Letztere sind sehr

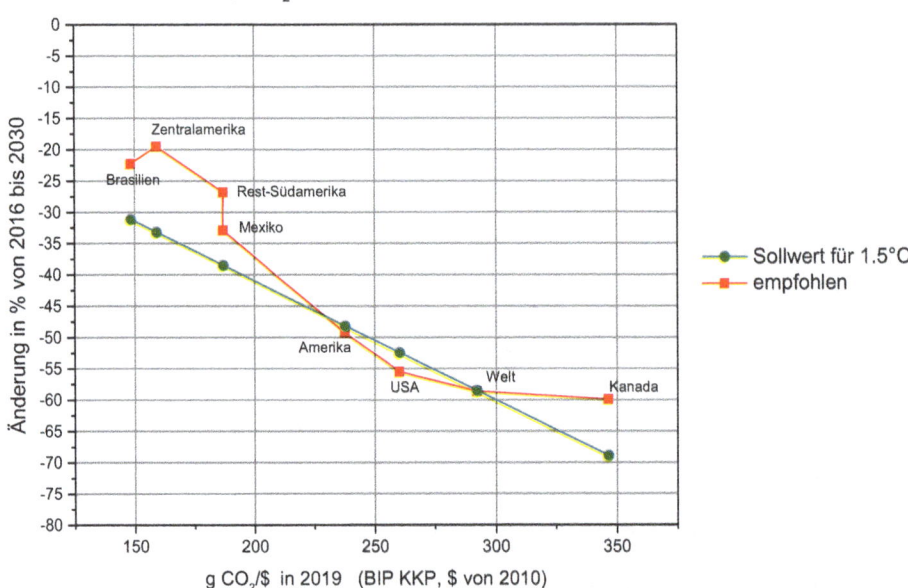

Abb. 3.26 Notwendige Änderung des Indikators g CO$_2$/$, um das 1,5-Grad-Klimaziel zu erreichen

sinnvoll ab einer CO$_2$-armen Elektrizitätsproduktion von mindestens 50 % (s. dazu Tab. 2.3).

- Dazugehörende **wichtigste Massnahme** angesichts des wachsenden Elektrizitätsbedarfs (Verkehr, Wärmepumpen) ist somit die rasch fortschreitende Entwicklung zu einer möglichst *CO$_2$-freien Elektrizitätsproduktion.* Diese kann durch den Einsatz aller erneuerbaren Energien, durch Kernenergie und wenn nötig durch CCS erreicht werden. Dazu gehört die Anpassung der Netze und der Speicherungstechniken an die hohe Variabilität von Solar – und Windenergie.
- Einen wichtigen Beitrag kann auch die *CO$_2$-neutrale Gas- und Treibstoff-Erzeugung* liefern, unter anderem für den See und Luftverkehr.

Weitere Daten der Länder Amerikas 4

4.1 Elektrizitätsproduktion und -verbrauch in Kanada und USA

Die detaillierten Energieflüsse beider Länder sind in Abschn. 2.4 gegeben worden, ebenso die Elektrizitätsproduktion von Nordamerika (USA + Kanada). In Abb. 4.1 wird die Elektrizitätsproduktion von USA und Kanada getrennt dargestellt. Für die Anteile der erneuerbaren und CO_2-armen Energien (erneuerbare Energien + Kernenergie), s. Tab. 4.1.

Die *USA* haben bezüglich Emissionen einen erheblichen Nachholbedarf (Kohleanteil noch zu hoch, hat sich aber in den letzten drei Jahren immerhin von 31 % auf 24 % reduziert, zugunsten allerdings vor allem des Gases, das von 33 % auf 37 % zugenommen hat).

Die CO_2-Nachhaltigkeit der Elektrizitätsproduktion von *Kanada* ist dank Wasserkraft und Kernenergie bereits gut. Der Kohle-Anteil müsste durch erneuerbare Energien ersetzt werden. Hauptproblem von Kanada ist die Energieeffizienz s. Abschn. 2.6.

Elektrizitätsproduktion und -verbrauch sowie Energieflüsse von *Mexiko* und *Brasilien,* sind bereits in Abschn. 2.4 gegeben worden, ebenso die Energieflüsse von *Zentralamerika* und *Südamerika.*

Weiter werden in diesem Kapitel die Daten von *Argentinien, Kolumbien und Venezuela* analysiert sowie die Indikatoren aller demographisch gewichtigen Länder zusammengefasst (Abb. 4.2).

© Springer Fachmedien Wiesbaden GmbH, ein Teil von Springer Nature 2023
V. Crastan, *Kennzahlen zur Erreichung der weltweiten Klimaziele*,
https://doi.org/10.1007/978-3-658-40073-6_4

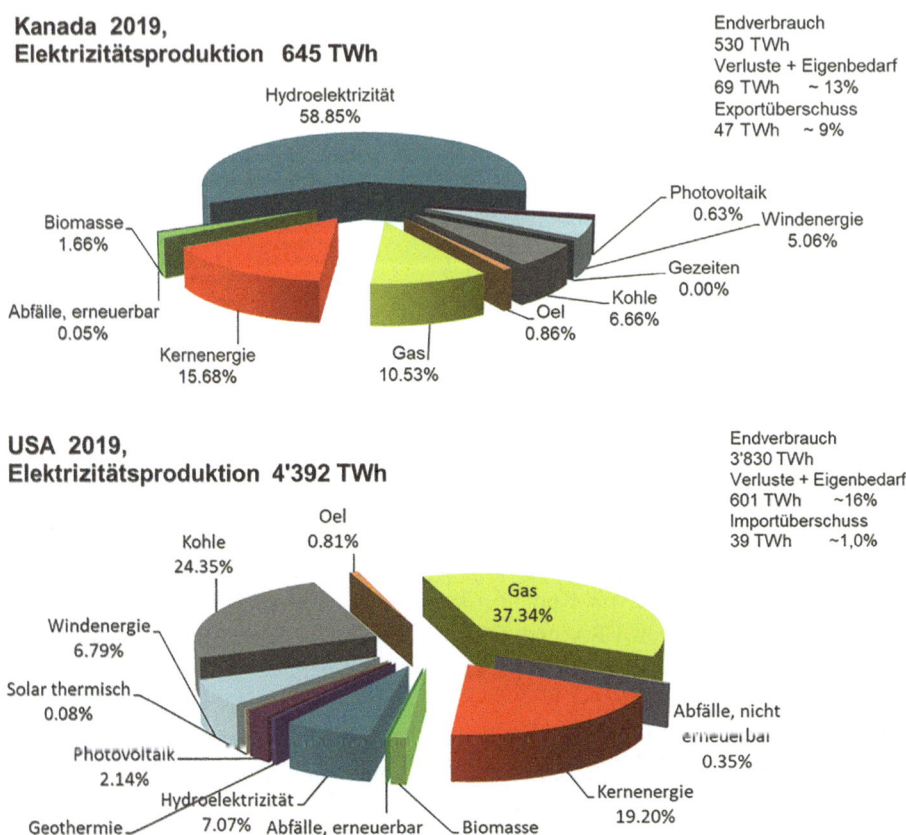

Kanada 2019,
Elektrizitätsproduktion   645 TWh

Endverbrauch
530 TWh
Verluste + Eigenbedarf
69 TWh   ~ 13%
Exportüberschuss
47 TWh   ~ 9%

Hydroelektrizität
58.85%

Photovoltaik
0.63%   Windenergie
5.06%

Biomasse
1.66%

Gezeiten
0.00%

Abfälle, erneuerbar
0.05%

Kohle
6.66%

Oel
0.86%

Kernenergie
15.68%

Gas
10.53%

USA 2019,
Elektrizitätsproduktion 4'392 TWh

Endverbrauch
3'830 TWh
Verluste + Eigenbedarf
601 TWh   ~16%
Importüberschuss
39 TWh   ~1,0%

Oel
0.81%

Kohle
24.35%

Gas
37.34%

Windenergie
6.79%

Solar thermisch
0.08%

Abfälle, nicht
erneuerbar
0.35%

Photovoltaik
2.14%

Geothermie
0.42%

Hydroelektrizität
7.07%   Abfälle, erneuerbar
0.16%

Kernenergie
19.20%

Biomasse
1.28%

Abb. 4.1   Anteile der Energieträger an der Elektrizitätsproduktion Kanadas und der USA

Tab. 4.1 Anteile der erneuerbaren und CO_2-armen Energien in 2019

	Erneuerbare Energien	CO_2-arme Energien
Kanada	66 %	82 %
Vereinigte Staaten	18 %	37 %

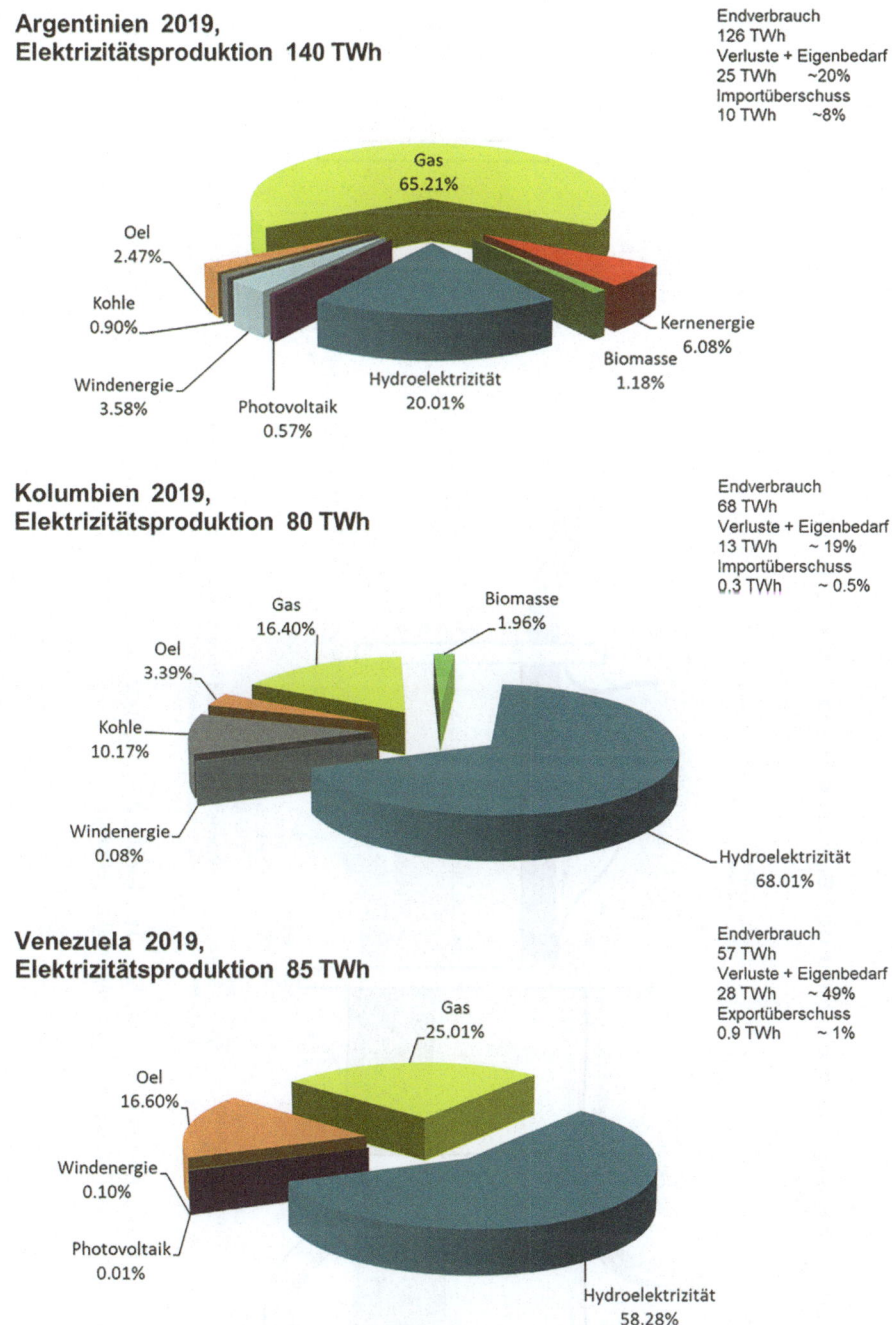

Argentinien 2019,
Elektrizitätsproduktion 140 TWh

Endverbrauch
126 TWh
Verluste + Eigenbedarf
25 TWh ~20%
Importüberschuss
10 TWh ~8%

Gas
65.21%

Oel
2.47%

Kohle
0.90%

Windenergie
3.58%

Photovoltaik
0.57%

Hydroelektrizität
20.01%

Biomasse
1.18%

Kernenergie
6.08%

Kolumbien 2019,
Elektrizitätsproduktion 80 TWh

Endverbrauch
68 TWh
Verluste + Eigenbedarf
13 TWh ~ 19%
Importüberschuss
0,3 TWh ~ 0.5%

Gas
16.40%

Oel
3.39%

Kohle
10.17%

Windenergie
0.08%

Biomasse
1.96%

Hydroelektrizität
68.01%

Venezuela 2019,
Elektrizitätsproduktion 85 TWh

Endverbrauch
57 TWh
Verluste + Eigenbedarf
28 TWh ~ 49%
Exportüberschuss
0.9 TWh ~ 1%

Gas
25.01%

Oel
16.60%

Windenergie
0.10%

Photovoltaik
0.01%

Hydroelektrizität
58.28%

Abb. 4.2 Anteile der Energieträger an der Elektrizitätsproduktion Argentiniens, Kolumbiens und Venezuelas. Typisch für Südamerika ist der hohe Beitrag der Wasserkraft (Argentinien ist diesbezüglich etwas weniger nachhaltig da 69 % der Energie fossil ist d. h. nur 31 % CO_2-arm)

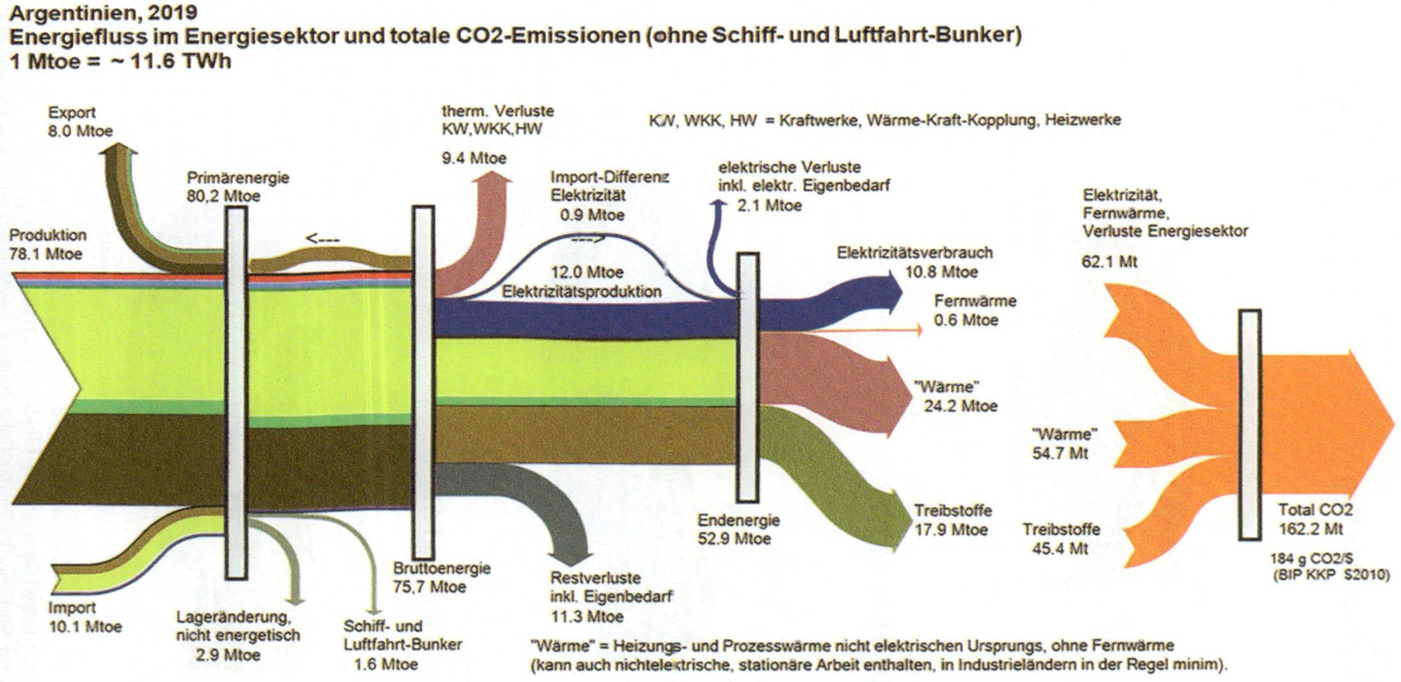

Abb. 4.3 Argentinien: Energiefluss im Energiesektor von der Primärenergie zur Endenergie und CO2-Ausstoss. Die Energieträgerfarben sind wie in Abb. 2.8 und 2.10 (Erdöl dunkelbraun, Erdölprodukte hellbraun)

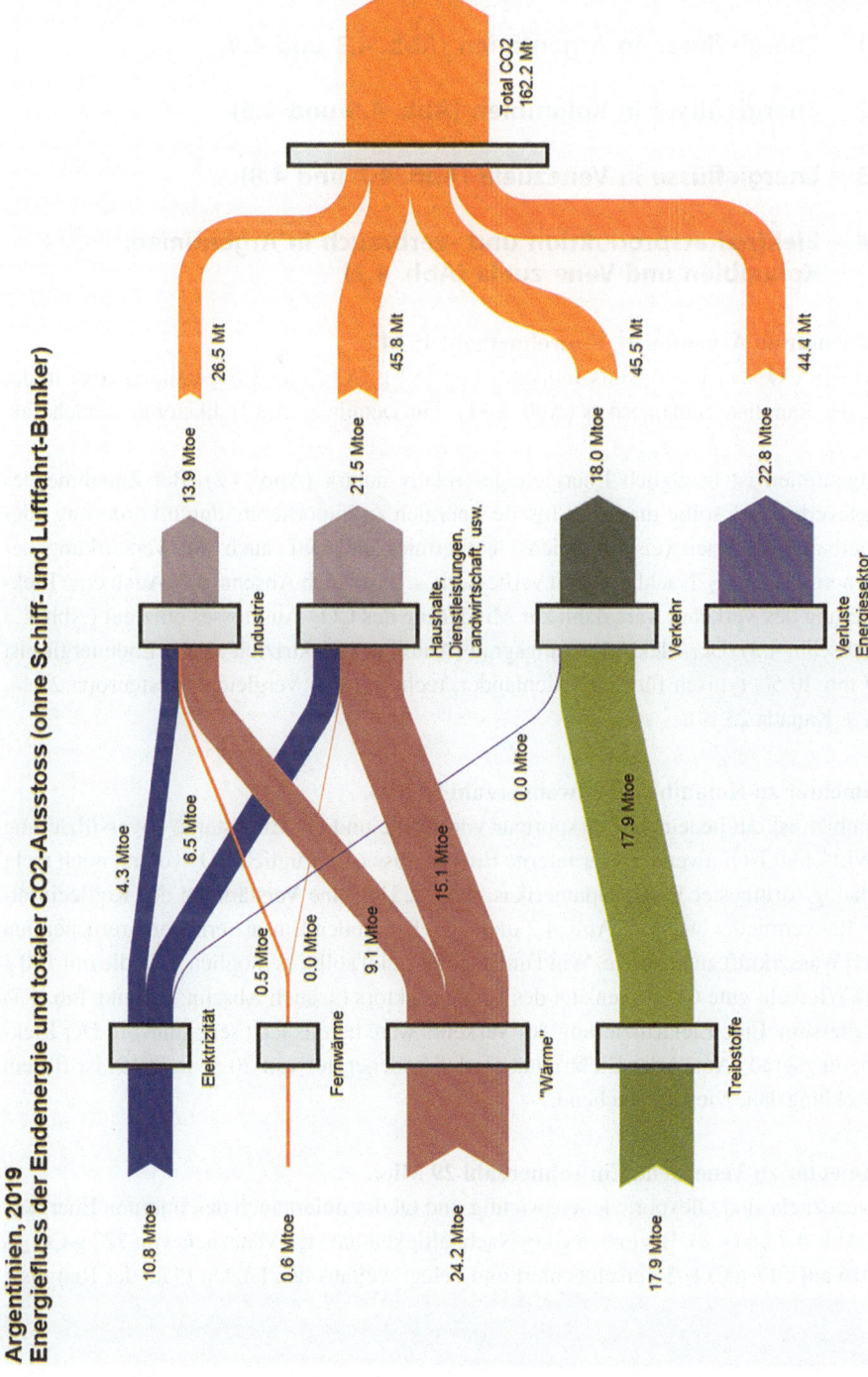

Abb. 4.4 Argentinien: Energiefluss der Endenergie zu den Endverbrauchern und zugeordnete CO_2-Emissionen

4.2   Argentinien, Kolumbien, Venezuela

4.2.1   Energieflüsse in Argentinien (Abb. 4.3 und 4.4)

4.2.2   Energieflüsse in Kolumbien (Abb. 4.5 und 4.6)

4.2.3   Energieflüsse in Venezuela (Abb. 4.7 und 4.8)

4.2.4   Elektrizitätsproduktion und -verbrauch in Argentinien, Kolumbien und Vene zuela (Abb. 4.2)

Kommentar zu Argentinien, Einwohnerzahl 45 Mio.
Mit einem CO_2-Nachhaltigkeits-Indikator von 184 g CO_2/$ liegt Argentinien etwa in der Mitte der Rangliste Südamerikas (Abb. 2.31). Für Details zu den Indikatoren s. auch Tab. 4.6.

Argentinien ist bezüglich Energieträger relativ autark (Abb. 4.2). Bei Zunahme des Energieverbrauchs sollte man statt fossile Energien zu importieren, durch Förderung aller erneuerbaren Energien (eischliesslich Geothermie) und evtl. auch mit Verstärkung der Kernenergie die CO_2-Nachhaltigkeit verbessern, s. dazu auch Abschn. 4.3. Auch eine Elektrifizierung des Verkehrs wäre dann zur Minderung des CO_2-Ausstosses effizient (Abb. 4.3 und Abschn. 4.3). Der Elektrifizierungsgrad (Anteil der Elektrizität an der Endenergie) ist 2019 mit 20 %, typisch für Schwellenländer, recht gut (als Vergleich: Westeuropa 25 %, USA + Kanada 23 %).

Kommentar zu Kolumbien, Einwohnerzahl 50 Mio.
Kolumbien ist ein bedeutender Exporteur von Kohle und Öl. Eine starke Diversifizierung der Wirtschaft ist notwendig. Der interne Energiefluss ist bezüglich CO_2 vorerst noch recht nachhaltig (drittbester Rang Südamerikas, Abb. 2.31). Eine Verstärkung des Kohleeinsatzes sollte vermieden werden (Abb. 4.2 und 4.5). Durch den Einsatz erneuerbarer Energien (neben Wasserkraft auch Sonne, Wind und Geothermie) sollte es möglich sein, die mit 140 g CO_2/kWh recht gute CO_2-Intensität des Energiesektors (s. auch Abschn. 4.3 und Tab. 4.7) zu verbessern. Eine Elektrifizierung des Verkehrs wäre bereits jetzt sehr sinnvoll. Der Elektrifizierungsgrad (Anteil der Elektrizität an der Endenergie) von 20 % in 2019, ist für ein Entwicklungsland vielversprechend.

Kommentar zu Venezuela, Einwohnerzahl 29 Mio.
Für Venezuela sind Ölexporte lebenswichtig und Öl dominiert auch den internen Energiefluss (Abb. 4.7 und 4.8). Bezüglich CO_2-Nachhaltigkeit hat sich Venezuela von 322 g CO_2/$ in 2016 auf 517 g CO_2/$ verschlechtert und belegt weitaus den letzten Platz der Rangliste

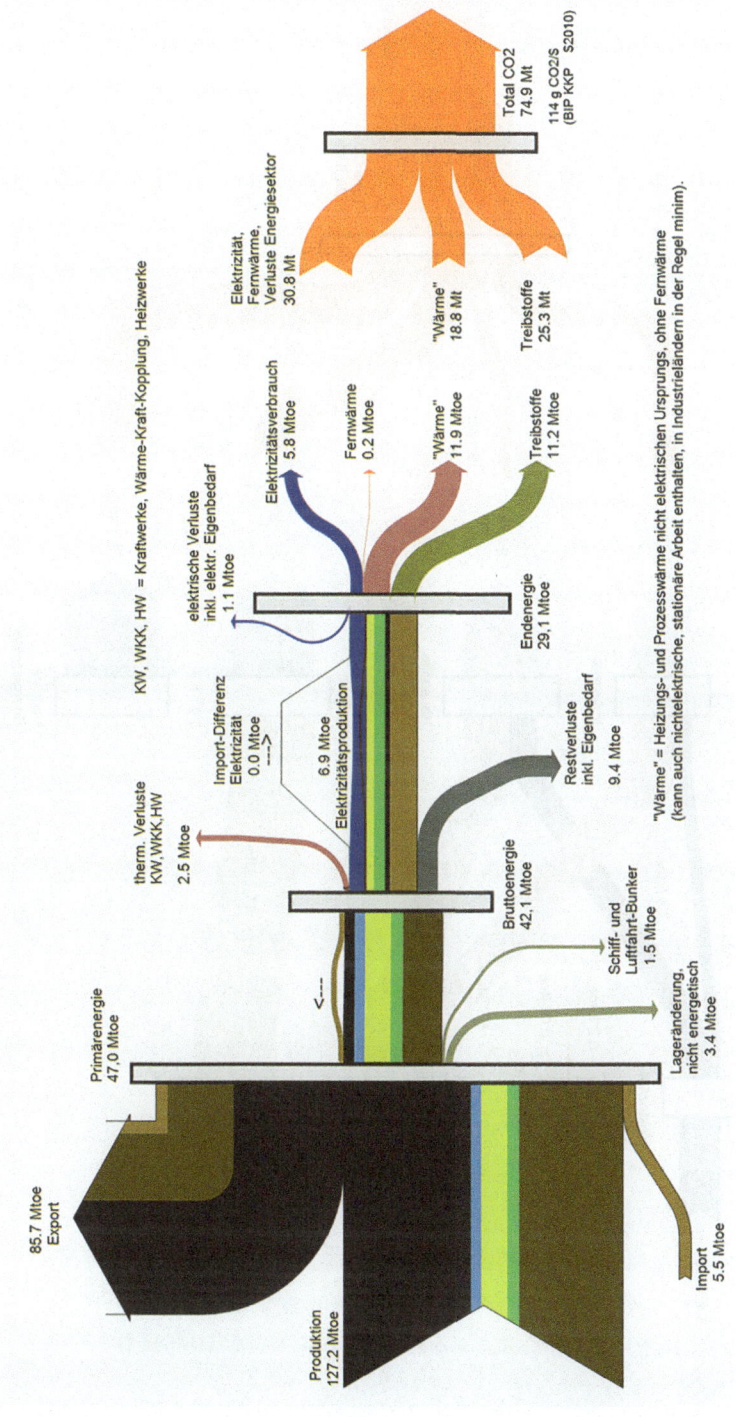

Abb. 4.5 Kolumbien: Energiefluss im Energiesektor von der Primärenergie zur Endenergie und CO₂-Ausstoss. Die Energieträgerfarben sind wie in Abb. 2.8 und 2.10 (Erdöl dunkelbraun, Erdölprodukte hellbraun)

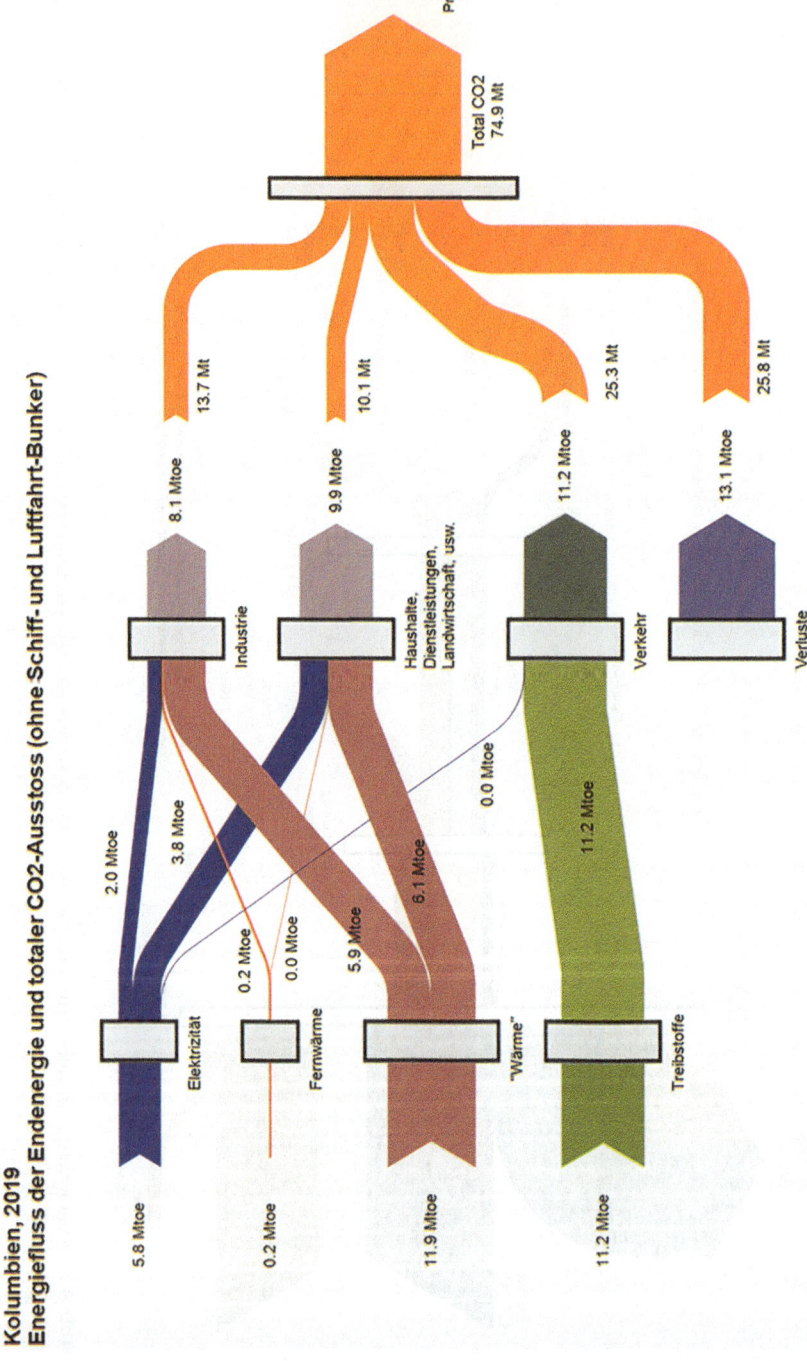

Abb. 4.6 Kolumbien: Energiefluss der Endenergie zu den Endverbrauchern und zugeordnete CO$_2$-Emissionen